과학특성화중학교

❸ 쏟아지는 유성우 아래에 핀 소망의 나무

과학특성화중학교
❸ 쏟아지는 유성우 아래에 핀 소망의 나무

초판 1쇄 펴냄 2023년 2월 6일
     4쇄 펴냄 2024년 11월 11일

지은이 닥터베르
그린이 리페
시리즈 기획 이윤원 김주희
자문 한국항공우주연구원 백승환

펴낸이 고영은 박미숙
펴낸곳 뜨인돌출판(주) | 출판등록 1994.10.11.(제406-251002011000185호)
주소 10881 경기도 파주시 회동길 337-9
홈페이지 www.ddstone.com | 블로그 blog.naver.com/ddstone1994
페이스북 www.facebook.com/ddstone1994 | 인스타그램 @ddstone_books
대표전화 02-337-5252 | 팩스 031-947-5868

ISBN 978-89-5807-949-1 04400
     978-89-5807-901-9 (세트)

과학특성화 중학교

③ 쏟아지는 유성우 아래에 핀 소망의 나무

닥터베르 지음 | 리페 그림

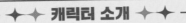

캐릭터 소개

주나기

과학을 사랑하는 공상가 소년. 흥미로운 걸 발견하면 몇 시간이고 관찰하거나 생각에 잠기는 습관이 있다.

방리나

발레가 인생의 전부인 발레 소녀. 유명한 발레리나였던 백화란 선생을 쫓아 과학특성화중학교에 입학했다.

피지수

탈중학생급 덩치와 키를 가진 근육맨. 초등학교 시절부터 나기의 단짝 친구다.

연금슬

만화와 소설을 좋아하는 문학 소녀. 글을 쓰고 싶지만 안정된 길을 찾아 과학특성화중학교에 입학했다.

권지오

아재 개그를 좋아하는 농촌 소년. 과학을 사랑하지만 귀신은 무서워한다.

공위성

과학 교사. 가만히 서 있기만
해도 학생들을 긴장하게 만
든다. '걸어 다니는 백과사전'
으로 불린다.

백화란

체육 교사이자 발레부 고
문. 수년 전까지 세계적인
발레리나로 활약했다.

천상천

과학특성화중학교 교장
이자 천하전자 회장. 학
생들을 사랑하며, 다소
엉뚱한 구석이 있다.

장미도

발레부 신입 부원이자 미로
의 쌍둥이 언니. 관찰력이 뛰
어나 한번 본 다른 사람의 동
작을 바로 따라 할 수 있다.

장미로

방송댄스부 리더이자 미도
의 쌍둥이 동생. 춤을 세상에
서 가장 좋아한다.

나태한

방송댄스부 부원. 게으른
천재 스타일로 귀찮은 일
에 말려드는 걸 싫어한다.

노인성

1학년 신입생 대표이자
방송댄스부 부원. 공부도
잘하고 춤도 잘 추는 만
능 재주꾼이다.

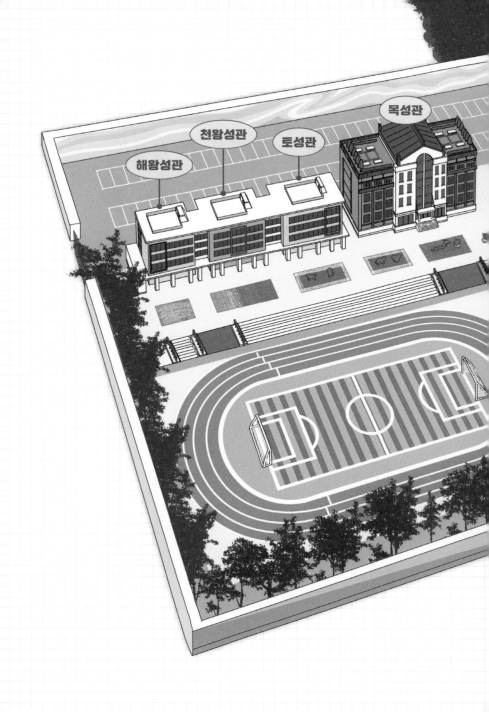

겨울 방학

12월, 지오는 비닐하우스에서 할머니와 딸기를 수확하고 있었다. 딸기는 참 신기한 점이 많은 식물이다. 대부분의 열매는 암술 속에 있는 씨방이 자라서 만들어지지만, 딸기는 꽃받침이 자란 헛열매다. 딸기를 손안에서 이리저리 돌려 보던 지오가 말했다.

"할머니, 딸기는 과일이 아니라 채소래요."

"에잉? 그래?"

"법적으로 과일은 나무에서 열린 열매를 뜻하기 때문에 덩굴에서 열리는 딸기는 채소래요."

"아니, 그럼 수박도 채소게?"

"그렇다던데요?"

"책상머리에 앉아 공부만 하는 놈들이 법을 만드니까 그렇지.

에구구."

바구니 가득 딸기를 딴 할머니는 앓는 소리를 내며 일어나 운반용 레일에 바구니를 올렸다. 할머니는 칠순의 나이에도 사시사철 농사일에 여념이 없었다. 딸기 철이 지나면 토마토, 토마토 다음엔 고구마, 고구마 다음엔 배추 같은 식이었다.

"할머니, 쉬엄쉬엄하세요."

"너나 얼른 들어가서 공부해라, 이놈아."

"에이, 저 없이 이 많은 걸 어떻게 하시게요?"

"너 업고도 한 걸, 혼자라고 못 할까."

할머니의 퉁명스러운 말에 지오는 말없이 웃었다. 지오를 업고 딸기 수확을 했다는 할머니의 말은 과장이 아니었다. 부모님은 일하느라 바빴기 때문에, 지오는 어린 시절을 거의 이곳에서 보냈다.

지오가 어느 정도 크자 부모님은 방학마다 그가 몇 주씩 시골에 내려가 있는 걸 달가워하지 않았다. 하얗고 세련된 얼굴을 가진 지오가 여름 방학만 지나면 갈색 피부의 흙강아지 같은 모습으로 돌아왔기 때문이다. 하지만 맞벌이인 부모님에겐 마땅한 대안이 없었고, 무엇보다 지오가 이곳에서의 생활을 좋아했다. 시골의 사계절은 춥고 더운 것 이상으로 수많은 변화로 가득했다. 새싹이 자라고, 꽃이 피고 지고, 작물이 여물며, 시냇물이 얼었다 녹았다. 지오는 그 모든 풍경을 사랑했다.

"우리 복덩이, 농사 걱정 말고 이번엔 꼭 친구들이랑 같이 놀고 와."

할머니가 지오의 주머니에 곱게 접힌 만 원짜리 5장을 넣어 주며 말했다.

"이렇게 많이 안 주셔도 돼요. 학교에서 티켓이랑 숙소를 다 지원해 주거든요."

"아니, 그 학교는 무슨 돈으로 그런 걸 다 퍼 준다니?"

"다 퍼 주는 게 아니고 상으로 받은 거라니까요?"

지오는 엄지손가락을 번쩍 들어 보였지만, 내심 의아한 기분이 드는 것도 사실이었다. 과학특성화중학교가 천하전자에 어떤 이득이 되길래 이런 혜택을 끝없이 주는지 알다가도 모를 일이었다.

두 사람의 모습을 지켜보던 할아버지가 퉁명스럽게 한마디 거들었다.

"지오 너 그게 어떤 돈인지 아냐?"

"그럼요, 할머니랑 할아버지가 열심히 일해서 버신 돈이잖아요."

"그 돈은 할머니의 호주머니에서 나온 머니(money)야."

"아! 와하하하!"

지오는 박장대소했지만, 할머니는 혀를 차며 딸기 포장용 박스의 모양을 잡기 시작했다.

✦ ✦ ✦

스키 캠프 전날, 리나는 불안감에 잠이 오지 않았다. 리나는 스키장에 가는 게 처음이었다. 인터넷에서 스키 장갑이나 양말 등을 구입했지만 이걸로 충분한지 확신이 서지 않았다. 다른 친구들은 다 스키장에 익숙한데 자신만 어리숙한 모습을 보이는 건 아닐까 걱정도 되었다. 침대에 누워 한참을 뒤척이던 리나는 나기에게 메시지를 보냈다.

방리나
> 나기야 자?

주나기
> 아니. 책 보고 있어.

방리나
> 무슨 책?

주나기
> 스키 타는 법. 스키장은 처음이라서.

방리나

넌 그런 것도 책으로 공부해?

주나기

응. 책을 읽으면 마음이 편해지거든.

리나는 나기가 책을 읽으며 스키 연습하는 모습을 상상하는 것도 재미있었지만, 나기도 스키장이 처음이라는 사실에 안심이 되었다.

방리나

나도 스키장은 처음이라 불안해.

주나기

괜찮을 거야. 너무 불안하면 나랑 눈사람이라도 만들자.

방리나

요즘은 눈사람보단 눈오리지! ㅎㅎ

주나기

눈오리?

나기의 물음에 리나는 눈사람에 부리가 달린 것 같은 사진을 보내며 하트를 뿅뿅 날리는 귀여운 이모티콘을 덧붙였다. 나기도 황급히 이모티콘을 찾아 답장을 보냈지만, 자신이 보낸 이모티콘은 새끼손톱만큼 작고 리나의 것처럼 움직이지도 않았다. 나기가 다급히 '큰 이모티콘 보내는 법'을 인터넷으로 검색하고 있는데 리나에게 답장이 왔다.

방리나
너랑 말하다 보니 마음이 놓였어. 얼른 자고 내일 보자.

주나기
응. 좋은 꿈 꿔.

나기는 보던 책을 덮고 침대에 누웠다. 가슴이 세차게 두근거렸지만, 어쩐지 푹 잠들 수 있을 것 같은 밤이었다.

스키 캠프

    스키 캠프 당일, 아이들은 평상복 차림으로 백팩이나 캐리어를 하나씩 들고 약속 장소로 모였다. 상상했던 것보다 크고, 눈으로 뒤덮인 스키장 풍경에 리나의 입이 떡 벌어졌다.

    "와– 생각보다 엄청 높다!"

    슬로프엔 아침부터 많은 사람이 있었다. 스키를 타는 사람과 스노보드를 타는 사람이 대략 반반으로 보였다. 사람들을 구경하던 지수가 말했다.

    "난 보드 타야지!"

    "나도!"

    금슬도 지수의 의견에 동조했다. 그때 지오가 멀리에서 걸어오는 나기를 발견했다.

    "저거 나기 아냐?"

"어디?"

지수가 손등으로 햇빛을 가리며 지오가 가리킨 곳으로 고개를 돌리자 나기가 형형색색의 스키복을 입고 뒤뚱거리며 걸어오는 게 보였다. 무지개색 헬멧에 보호대까지 차고 있는 그의 모습에선 절벽에서 떨어져도 끄떡없을 것 같은 방어력이 느껴졌다.

아이들과 합류한 뒤 나기는 주차장 쪽을 향해 손을 흔들었다. 자동차들 틈새에서 나기를 지켜보고 있던 어머니는 조금 당황했지만 마주 손을 흔들었다. 나기의 어머니를 발견한 아이들은 모두 고개를 숙여 인사했다.

"…"

어머니는 아이들의 얼굴 하나하나를 눈여겨봤다. 덩치 큰 아이가 지수, 예쁜 아이가 리나, 안경 쓴 친구가 지오, 단발머리 친구는 금슬…. 나기에게 들은 말들로 아이들의 이름을 연결 짓는 건 그리 어렵지 않았다. 그녀는 나기가 친구들과 있는 모습을 조금 더 지켜보고 싶었지만, 벅차오르다 못해 눈물이 날 것 같은 기분에 황급히 뒤돌아 차를 향해 걸었다.

아이들은 방에 짐을 내려놓고 다시 스키장으로 내려왔다. 캠프 직원의 안내를 따라 리나와 나기는 스키 초급반에 들어갔

고, 지수와 금슬과 지오는 스노보드 초급반에 들어갔다.

그날 오전 내내 아이들은 구르고 또 구르며 엉덩방아를 찧었다. 리나는 혹시라도 다칠지 모른다는 걱정에 조심조심 스키를 배웠다. 잔뜩 긴장한 채 온몸에 힘을 주고 있었던 탓일까. 쉬는 시간 무렵에 리나는 녹초가 되고 말았다. 스키복 지퍼를 조금 내리고 땀을 식히는 리나에게 나기가 음료수를 건넸다. 리나는 눈웃음으로 고마움을 표시하고 물었다.

"근데 정말 볼수록 신기해. 이 많은 눈을 어떻게 만들었을까?"

"추운 날씨에 아주 작은 물방울을 뿌려서 얼리는 거야. 특수한 모양의 프로펠러를 이용하면 물방울을 5㎛(마이크로미터) 정도로 쪼갤 수 있대. 그럼 공기와 닿는 표면적이 넓어져서 물이 빠르게 얼어 눈처럼 변하는 거지."

"그렇구나."

리나는 나기에게 무언가를 물어볼 때마다 대답이 척척 나오는 게 좋았다. 생각해 보면 어린 시절 자신은 참 궁금한 게 많은 아이였다. 하지만 엄마나 아빠에게 무언가를 물으면 '나도 몰라' '그건 알아서 뭐 하게' '네가 좀 찾아봐' 같은 답변이 돌아올 때가 많았다. 그렇게 리나는 점점 질문이 없는 아이가 되었다. 그런 면에서 볼 때 나기는 참 좋은 아빠가 될 것 같았다.

"리나야? 무슨 생각해?"

"어?!"

나기의 질문에 리나는 화들짝 놀라 음료수를 쏟을 뻔했다. 방금 자신이 무슨 생각을 하고 있었는지 떠올리자 얼굴이 화끈 달아올랐다. 리나는 허둥지둥하며 말을 돌렸다.

"스, 스키는 어떻게 저렇게 잘 미끄러지는 걸까?"

"물질은 압력과 온도에 따라 상태가 달라지잖아. 얼음에 압력을 주면 얼음이 녹으면서 표면에 수 마이크로미터의 얇은 물층이 생겨. 스키는 표면이 매끈한데다 왁스도 발라져 있어서 물과 만났을 때 쉽게 미끄러지는 거야."

"아, 아하, 그렇구나. 하하하."

리나는 손부채를 부치며 어색하게 웃었다.

다음 날 오후 무렵, 아이들은 스키와 보드에 제법 익숙해졌다. 특히 운동 신경이 좋은 지오는 보드에 빨리 익숙해져 S자 활강을 할 수 있게 되었다. 지오는 리듬을 유지하기 위해 속으로 숫자를 세며 방향을 틀었다. 그런데 그 순간, 지오는 훨씬 빠른 속도로 자신의 뒤를 스쳐 지나던 누군가와 부딪혀 나동그라졌다.

"아이고 나 죽네!"

지오는 할아버지 같은 신음을 내며 눈밭 위에 쓰러졌다. 그로부터 얼마 떨어지지 않은 곳에 쓰러진 소녀가 지오를 향해 소리쳤다.

"아저씨! 주변도 안 보고 갑자기 방향을 틀면 어떡해요?!"

"아…. 죄송합니다."

지오보다 먼저 자리에서 일어난 소녀는 날다람쥐 모양의 점프 슈트를 입고 있었다. 눈밭에 인형이 서 있는 것 같은 모습에 지오는 당황했지만, 그보다 그의 시선을 사로잡은 건 고글을 벗은 소녀의 얼굴이었다. 오뚝한 코에 선명한 쌍꺼풀, 얇고 곧게 뻗은 눈썹은 방금 TV에서 튀어나온 것 같은 비현실적인 느낌을 줬다. 지오가 넋을 잃고 앉아 있자 소녀가 조금은 걱정하는 목소리로 물었다.

"다쳤어요?"

"일단은… 괜찮은 것 같은데요."

"아, 놀래라…. 앞으론 조심하라고요."

지오가 눈을 툭툭 털고 자리에서 일어나자 소녀는 스케이트를 타듯 눈밭을 미끄러지며 사라졌다. 날다람쥐 소녀는 보통 스키의 3분의 1도 안 될 것 같은 짧은 스키를 신고 있었다. 빠른 속도로 사람들 사이를 가로지르는 모습은 다람쥐가 숲속을 달리는 것 같았다.

'아니, 애초에 저렇게 속도를 내는 쪽도 잘못 아닌가?!'

지오는 뒤늦게 억울한 기분이 들었지만 이미 소녀는 저만치 사라진 뒤였다.

'얼굴만 예쁘면 다야?! 다시 만나기만 해 봐라!'

그렇게 생각하며 출발할 준비를 하는 지오에게, 누군가가 또다시 버둥거리며 다가와 툭 부딪혔다.

"비켜 주세… 꺅! 아우… 아파…."

지오는 소녀의 밑에 깔리듯 넘어지며 화들짝 놀랐다. 눈앞에 있는 건 방금 전 자신과 부딪힌 바로 그 날다람쥐 소녀였다.

'뭐지? 나한테 초능력이 있었나?!'

지오가 얼떨떨한 기분으로 소녀를 바라보고 있자 소녀는 허둥지둥 자리에서 일어나 고개를 숙였다.

"괘, 괜찮으세요? 죄송합니다! 다친 곳은 없으세요?"

"예, 뭐, 세게 부딪힌 건 아니라서…."

"제가 아직 초보라! 죄송해요!"

지오는 거듭 고개를 숙여 사과하는 소녀를 유심히 살펴봤다. 분명 방금 전과 똑같은 옷과 짧은 스키에 똑같은 얼굴을 하고 있었다. 지오는 구미호에게라도 홀린 듯한 기분이었다.

"우리 방금도 부딪히지 않았어요?"

"네? 아닌데…. 아, 아마 제 쌍둥이였을 거예요."

"아하!"

지오는 쌍둥이일 가능성보다 초능력이나 요괴를 먼저 떠올린 자신을 반성했다.

'쌍둥이여도 성격은 딴판일 수 있구나.'

지오는 날다람쥐 소녀에게 손을 흔들었다.

"전 괜찮으니까 가세요."

"아, 네, 감사합니다. 그럼⋯."

소녀는 비틀비틀 불안한 몸짓으로 슬로프를 내려갔다. 여기 풀썩, 저기 풀썩 쓰러지며 슬로프를 내려가는 모습은 진짜 날다람쥐가 나무에서 나무로 건너뛰는 것 같았다. 지오는 그 모습이 너무 재미있고 귀여워서 슬로프 가장자리에서 물끄러미 바라봤다. 그러다 순간, 지오는 소녀가 상급자 코스와 합류하는 지점을 향해 계속 직진하고 있다는 걸 깨달았다. 그곳엔 빠른 속도로 내려오는 스키어들도 많고, 심지어 점프를 뛰는 사람들도 있으니 가까이 가지 말라는 강사의 주의 사항이 생각났다. 주변엔 빨간색으로 된 커다란 합류 주의 표지판도 있었지만, 땅만 보고 가는 소녀에겐 보이지 않는 듯했다.

"잠깐⋯! 그쪽으로 가면 안 돼!"

지오는 소리쳤지만, 스키장은 너무 탁 트여 있었고 주변 소음도 많았다. 지오는 서둘러 소녀 쪽으로 보드를 기울였다. 아직 능숙하지 않은 보드가 불안하게 눈길을 갈랐다. 지오는 언덕 위에서 쏜살같이 내려오는 스키어를 보고 보드 각도를 더 날카롭게 세웠다. 모서리 쪽으로 압력이 집중되자 보다 효과적으로 수막이 형성되며 눈과의 마찰이 줄어들었다.

지오는 날다람쥐 소녀가 다른 사람과 충돌하기 직전에 그녀를 뒤에서 붙잡고 함께 쓰러졌다. 활강 중이던 스키어는 아슬아슬하게 두 사람을 피해 방향을 바꿨다. 지오는 자리에서 일어나 고글을 벗고 소녀에게 소리쳤다.

"큰일 날 뻔했잖아요! 저기 표지판 못 봤어요?!"

"아⋯. 가⋯ 감사합니다."

상황을 파악한 소녀가 고개를 숙였다. 그녀가 우물쭈물 뭔가를 고민하고 있을 때 지오는 몸에 묻은 눈을 툭툭 털고 고글을 쓴 뒤 다시 활강을 시작했다. 다급해진 그녀가 소리쳤다.

"아! 저기, 이름이라도⋯!"

소녀의 목소리에 지오는 뒤를 돌아보며 외쳤다.

"권지오오오오~~~~"

소녀는 지오가 탈춤을 추듯 화려하게 움직이며 멀어지는 모습을 아쉬운 표정으로 지켜봤다. 지오의 모습이 사라진 뒤, 소녀는 가만히 사람들의 모습을 관찰했다. 스키나 보드를 타는 사람은 많았지만 숏스키를 타는 사람은 좀처럼 찾을 수 없었다. 마침내 숏스키를 탄 사람을 발견한 그녀는 그 모습을 뚫어지게 응시했다.

잠시 후, 소녀는 자리에서 일어나 슬로프를 따라 내려가기 시작했다. 그 모습은 조금 전과는 비교할 수 없이 능숙해 보였다.

신입생

2월 1일, 겨울 방학이 끝났다.

방학 동안 학교엔 몇 가지 변화가 있었다. 목성관 앞엔 360°로 회전하는 롤러코스터 레일을 일부 떼어 온 것 같은 커다란 구조물이 생겼다. 슬로프-고리-슬로프 형태로 이어진 이 구조물은 15m 정도 높이로 '지혜의 고리'라는 이름이 붙어 있었다. 야외에 설치된 여러 조형물 외에도 일부 교실이 새롭게 단장해 복도엔 페인트 냄새가 남아 있었다.

기숙사에 짐을 풀어 놓은 아이들은 개학식이 열리는 금성관에 모였다. 금성관 강당에는 커다란 조명과 프로젝터 등이 새롭게 설치되어 호화로운 분위기를 풍겼다. 그중 압권은 어두운 천장 가운데 설치된 거대한 샹들리에였다. 수많은 크리스탈에 반사된 불빛은 진남색의 천장에 별을 뿌린 듯한 무늬를 남겼다.

간단한 식순이 끝나고 천상천 교장의 훈화 시간이 되었다.

"모두 즐거운 방학 보냈길 바랍니다. 이제 신입생들이 들어오면, 여러분은 2학년 선배가 됩니다. 2학년 건물의 이름은 천왕성관입니다. 이미 눈치챈 사람도 있겠지만 토성관, 천왕성관, 해왕성관으로 이어지는 1, 2, 3학년 건물은 졸업 후 태양계를 넘어 우주까지 뻗어 나가는 과특중의 인재가 되길 기원하는 의미를 담고 있습니다. 또한 이번 학기엔 체육대회와 문화제 등 다양한 행사가 열릴 예정입니다. 여러분의 관심과 참여를 기대합니다. 그리고 여러분, 모두 힘을 모아 축제의 날 쏟아지는 유성우를 막으세요. 이상입니다."

개학식이 끝나고 나기와 친구들은 아지트에 모였다. 2학년이 되면서 아이들은 뿔뿔이 흩어졌다. 같은 반이 된 건 지수와 지오뿐이었다. 아쉬워하는 아이들 사이에서 금슬이 말했다.

"그래도 우리에겐 졸업까지 쓸 수 있는 아지트가 있잖아."

"맞아. 근데 우리가 졸업하면 아지트는 어떻게 되는 거지?"

지오가 물었다. 아이들은 찬찬히 실내를 둘러봤다. 책장부터 냉장고까지, 아지트엔 아이들이 가지고 온 물건들로 가득했다. 지수가 말했다.

"뭐, 가지고 갈 건 가지고 가고, 남은 건 학교에서 어떻게든 처리하지 않을까? 신입생들이 물려받아 쓸 수도 있고."

"2년 뒤엔 그럴 수도 있겠다."

리나도 지수의 의견에 동의했다. 지금까진 학교에 버려진 공간이 많다고 생각했는데, 겨울 방학이 지나니 다 제각각의 쓰임을 찾아 리모델링을 마친 후였다. 학년이 다 채워지는 내년이면 학교는 지금보다 훨씬 북적이게 될 것이다.

졸업을 생각하면 리나는 벌써 마음이 무거워졌다. 친구들과 헤어지는 것도 아쉽고, 어떤 학교에 가게 될지 모른다는 불안감도 있었다. 마음 같아서는 예술고등학교에 가고 싶지만, 복권이라도 당첨되지 않는 한 무리였다. 무용과가 유명한 예술고등학교의 학비는 부수 비용을 빼고도 연간 1000만 원 이상이 필요했다.

'지금처럼이라도 발레를 계속할 수 있다면.'

리나는 벽 한쪽에 놓인 연습용 바를 어루만지며 생각했다. 과학특성화중학교가 더욱 커져서 과학특성화고등학교까지 이어진다면 얼마나 좋을까 하는 덧없는 상상을 해 보기도 했다.

3월, 과학특성화중학교에도 신입생들이 들어왔다.

"선서. 저희 신입생 일동은 재학 중 학칙을 지키고 학업에 충실하며, 대한민국의 과학 발전을 위한 창의적 인재로 거듭날 수 있도록 최선을 다하겠습니다. 20XX년 3월 2일 신입생 대표 노. 인. 성."

신입생 대표를 맡은 남학생은 날카로운 눈매에 호리호리한 체구를 가지고 있었다. 귀밑으로 한 뼘은 넘을 듯한 머리카락을 머리띠로 모두 넘긴 그의 헤어스타일은 두발 규정이 없는 과학특성화중학교에서도 눈에 띄었다. 머리 끝엔 밝은 염색의 흔적까지 남아 있어서 더욱 그랬다.

눈에 띄는 신입생은 노인성만이 아니었다. 같은 반인 장미도, 장미로 자매도 이미 화제의 대상이었다. 긴 생머리에 차분한 분위기인 미도와 단발머리의 활발한 분위기인 미로는 일란성 쌍둥이였다. 혼자 있어도 돋보일 얼굴이 둘이나 있는 데다 키도 큰 편이라 두 사람에게 시선이 쏠리는 건 자연스러운 일이었다. 미로 근처에 있던 다른 여학생이 조심스럽게 물었다.

"너 혹시 아이돌 연습생이니? 아니면 모델?"

미로는 이런 질문을 받을 때마다 우쭐하면서도 씁쓸한 기분이 들었다. 미로는 미도와 함께 길거리에서 몇 번이나 캐스팅을 받았다. 많은 기획사에서 쌍둥이 미녀의 희소성과 가능성에 대해 열변을 토했지만, 미도는 어느 순간부터 사람들 앞에 서는

걸 부끄러워했다. 답답해진 미로는 혼자 대형 기획사 오디션에
도 도전해 봤지만, 결과는 언제나 뜨뜻미지근한 탈락이었다. 오
디션에서 자신이 제일 주목받는 순간은 자신과 똑같이 생긴 쌍
둥이가 있다고 밝힐 때였다. 무관심해 보이던 사람들도 쌍둥이
이야기가 나오면 기대감 가득한 얼굴로 질문 공세를 했다. 연이
은 탈락에 지친 미로는 망설임 끝에 답했다.

'네. 미도가 저보다 잘해요.'

그날 미로는 한 대형 기획사의 핵심 인물에게서 명함을 받았
다. 미도와 함께라면 언제든 연락하라는 당부와 함께. 미로는 1
분 먼저 태어난 미도를 처음으로 언니라고 부르고, 무릎을 꿇
고 빌다가, 나중엔 바닥에 엎드려 대성통곡까지 했다. 하지만
미도의 마음은 변하지 않았다.

'나는 못 해. 나는 할 수 없어.'

'왜 못 해! 너도 춤출 수 있잖아! 너 춤 잘 추잖아!'

'그건… 어릴 때 일이야.'

'아냐, 지금도 할 수 있어. 이렇게, 이렇게, 추면 돼. 넌 한 번
보면 다 출 수 있잖아, 응?'

미로는 자리에서 일어나 눈물범벅인 얼굴로 가장 인기가 많
은 걸그룹 '뉴토니안'의 춤을 췄다. 엉망이 된 얼굴과 달리 동작
은 손끝까지 정확하게 살아 있었다. 이번 오디션을 위해 수천

번을 반복하며 자신의 스타일로 바꾼 춤이었다. 하지만 그런 미로를 보는 미도의 표정은 차갑기만 했다.

'…미안.'

그 뒤로 미로와 미도는 1년 가까이 서로 말을 하지 않았다. 아이돌의 꿈이 좌절된 미로는 적개심으로 불타올라 무엇을 해도 미도를 이기는 것만을 목표로 했다. 그중에서도 가장 힘들었던 건 공부였다. 어려서부터 모범생이었던 미도를 공부로 이기기는 쉽지 않았다. 그래도 미로는 악착같이 노력했다. 자신이 공부로 미도를 이기는 게 모든 가능성을 증명하는 길이라고 생각했다. 결과적으로 졸업 때까지 미로는 미도를 공부로 이기지 못했지만, 대신 과학특성화중학교에 나란히 합격했다.

"봐봐, 애들도 물어보잖아. 지금이라도 마음 바꿔서….”

"그 이야기는 그만하기로 했잖아.”

미도가 춤을 그만두고 사람들 앞에 서는 걸 부끄러워하게 된 계기는 알고 있었다. 미도는 몇 년 전 나무를 타다 떨어져 크게 다친 적이 있었다. 머리카락에 가려 잘 보이지 않지만 미도의 옆머리엔 지금도 커다란 흉터가 남아 있다. 그 사고 이후 미도는 춤을 추면 머리가 아프다며 춤을 그만뒀다.

'그게 대체 언제 적 일인데!'

미로는 분한 마음에 아랫입술을 깨물었다.

특별활동부

입학식이 끝난 후, 강당에서는 특별활동 홍보가 이어졌다.

"저희 과특중 e-스포츠부는 지난해 전국 LOL(라일락의 전설, Legend of lilac) 학교 대항전에서 16강에 진출했습니다. 지금부터 경기 하이라이트 영상을 보여드리겠습니다."

무대 뒤에 있는 스크린에서 화려한 콤보로 상대방을 처치하는 게임 플레이 영상이 연달아 나왔다. 게임에 관심 있는 신입생들은 크게 환호했다. 영상이 끝난 뒤, 사회를 보고 있던 백화란 선생이 마이크를 잡았다.

"다음으로 발레부의 특별활동 홍보가 있겠습니다."

나기와 친구들이 무대 위로 올라왔다. 발레복 차림의 다섯 사람이 등장하자 몇몇 신입생은 웃음을 터트리기도 했다. 그리 좋은 의미로 주목받는 분위기는 아니었지만, 다섯 사람은 오늘을 위해 많은 연습을 했다. 이 무대가 발레부의 첫 무대였기 때문이다.

"아!"

무대에 선 지오의 얼굴을 본 순간, 미도는 자신도 모르게 소리쳤다가 깜짝 놀라 입을 막았다.

'탈춤 왕자님이 우리 학교 선배였다니!'

미도의 가슴이 걷잡을 수 없이 두근거렸다. 이런 게 바로 운명이라는 생각에 머릿속에서 종이 울리는 느낌이었다.

모든 행사가 끝나고, 발레부 친구들은 운동장에 설치된 부스에서 신입생을 기다렸다. 가장 인기 있는 특별활동은 e-스포츠부와 올림피아드 준비부였고, 발레부나 바둑부는 한산했다.

"벌써 개학하고 한 달이나 지났네."

지오가 말했다. 최근 많은 일이 있어서인지 하루하루가 빠르게 지나갔다. 힌트 찾기와 특별활동 홍보 공연 준비 외에도 리나는 4월 중순에 열릴 콩쿠르를 준비 중이었다. 그 세 가지 중에서 가장 진척이 없는 건 힌트 찾기였다. 금슬이 한숨을 쉬며 말했다.

"아니, 대체 '축제의 날'은 뭐고 '유성우'는 또 뭐냐고."

아이들은 천체사진관, 천문대, 플라네타륨 등 별과 관련된 시설을 이 잡듯이 뒤졌지만 마땅한 힌트를 발견하지 못했다. 그간의 고생을 떠올리며 침울해진 아이들에게 지수가 말했다.

"아, 나 얼마 전에 흥미로운 소문을 들었는데."

"뭔데?"

"개학식 때 문자로 수상한 링크가 날아왔잖아. 금슬이 너도 받았지?"

"응. 프로젝트 가디언즈인가 하는 그거? 난 게임 광곤 줄 알고 지웠는데?"

"들어가 보니 그냥 허접한 그래픽 게임이라 나도 지웠거든? 근데 그 게임에서 문제를 풀면 돈을 준대. 5000포인트가 쌓이면 문화상품권 번호를 받는 식으로."

"뭐야 그게. 수상한데?"

"더 수상한 건, 문제를 10개쯤 풀면 이 학교 안에서 해야 하는 퀘스트를 준다는 거야. '잃어버린 알을 찾아서 둥지에 넣어라' 같은…."

"…그거 어쩐지 학교의 비밀 찾기 같지 않아?"

금슬은 지수의 말에 귀가 솔깃했다. 이번 힌트는 그 게임과 연관성이 있을 것 같다는 촉이 왔다.

"혹시 문자 안 지운 사람? 같이 확인해 보자."

"나한테 있을 거야."

지오가 핸드폰을 꺼내 문자를 확인하려던 그때, 발레부 부스 앞으로 누군가가 쭈뼛거리며 다가와 그에게 말을 걸었다.

"아, 저기, 안녕하세요."

큰 키에 긴 생머리, 선명한 이목구비에 조그만 얼굴이 아주 인상적인 여학생이었다.

'와우, 예쁘다. 신입생인가?'

지오가 멍하니 넋을 잃고 서 있자 리나가 활짝 웃으며 끼어들었다.

"어서 오세요, 발레부입니다!"

"아, 저, 저기… 지, 지오 오빠…."

미도에게 지목된 지오는 당황했다. 지오가 자신을 알아보지 못하자, 미도는 바로 할 말을 찾지 못하고 두 손바닥을 머리 위에 붙여 동물 귀 모양을 만들었다.

"저… 전에… 동물…."

"동물…? 토끼?"

"아뇨, 토끼 말고…."

지오의 반응에 미도는 새빨개진 얼굴로 발을 동동 굴렀다. 미도의 머릿속엔 '스키장'이나 '날다람쥐' 같은 단어는 떠오르지 않고 '봉산탈춤' '하회탈' '얼쑤' 같은 단어만 잔뜩 돌아다녔다. 이렇게 말문이 막히는 경험은 미도 인생에서 처음이었다.

"그… 전에… 전에!"

"여긴 뭐야? 발레부?"

미도가 최후의 수단으로 어깨춤을 추려는 찰나, 그녀의 뒤에서 미로가 나타났다. 미로가 나타나자, 지오는 단숨에 그녀들의 존재를 떠올렸다.

"아! 전에 스키장에서 본 쌍둥이!"

미도는 미로가 있어야 자신을 알아본다는 게 섭섭했지만, 지오가 자신을 알아봤다는 사실이 더 기뻐 열심히 고개를 끄덕였다. 지오는 너털웃음을 지으며 말했다.

"와, 우리 학교 신입생이었구나. 이런 우연이!"

'우연이 아니라 운명이에요.'

미도는 속으로 생각했다. 긴긴 겨울 중에서 그날, 수많은 스키장 중에서 그곳, 많고 많은 사람 중에서 자신을 구해 준 한 사람을 이곳에서 다시 만나는 건 확률로 설명할 수 없는 일이라고 믿었다. 미도가 이 마음을 어떻게 표현해야 할까 고심하고 있을 때, 미로가 그녀를 팔꿈치로 쿡 찌르며 말했다.

"야, 생뚱 맞게 무슨 발레냐? 방송댄스면 몰라도."

"어? 방송댄스부는 없던데?"

"내가 만들 거야. 이 학교는 5명만 모이면 새로운 부를 만들 수 있대."

"그, 그래도 나는 발레 할 거야."

미도의 대답에 미로의 얼굴이 일그러졌다. 나기는 미로의 얼굴에서 황당함과 분노, 배신감 같은 것을 읽었다. 미로는 콧방귀를 뀌며 휙 뒤돌아섰다.

"흥, 그러든가."

그날 발레부엔 미도를 포함한 6명의 신입생이 들어왔다. 예상보다 나쁘지 않은 결과였다.

프로젝트 가디언즈

다음 날, 나기와 친구들은 아지트에서 프로젝트 가디언즈를 플레이했다. 화면은 놀랍도록 레트로 스타일이었지만, 게임 내용은 흥미로웠다. 프로젝트 가디언즈는 포물선 궤도를 계산해 돌로 창문을 맞추거나 부력을 계산해 적당한 나무 발판을 물에 띄우는 식으로 과학적 지식을 요구하는 퀴즈 게임이었다. 연습장에 풀이 과정을 열심히 쓰고 있던 지오가 물었다.

"근데 이거 듣던 거랑 좀 다르지 않아? 한 문제에 100포인트밖에 안 주는데?"

"다른 사람보다 앞서갈수록 보상이 큰 모양이야."

지수가 답했다. 게임 속의 문제 내용은 같았지만 구체적인 숫자는 사람마다 달랐다. 목표인 창문의 높이가 5m에서 8m로 바뀌거나 하는 식이었다. 그래서 문제의 답을 공유할 수는 없지만 풀이 과정은 공유할 수 있었다. 먼저 푼 학생에게 큰 보상을 주고, 나중에 풀수록 작은 보상을 주는 건 이 때문인 것 같았다. 소파에 앉아 핸드폰을 만지작거리던 나기가 말했다.

"아, 나 미션 나왔어. '지도에 표시된 알을 찾아 둥지에 넣어라.'"

"몇 번 푸니까 나왔어?"

"10번. 전에 지수가 말한 대로야."

6번 문제를 풀고 있던 금슬은 들고 있던 펜을 책상 위에 떨어 트렸다. 이럴 때마다 나기의 머릿속이 어떻게 생겼는지 궁금해졌다. 아이들은 일단 나기 근처에 모여 미션 창을 확인했다. 화면엔 학교의 약도와 함께 수많은 가위표가 표시되어 있었다. 20~30개 정도 되는 가위표 중 절반 정도는 회색이었고, 나머지는 빨간색이었다. 약도를 둘러보던 나기가 말했다.

"회색은 누가 이미 완료했다는 표시 같지?"

"그럼 이쪽으로 가 보자."

금슬은 금성관 근처에 있는 가위표를 가리켰다. 학생들이 주로 다니는 천왕성관과 지구관 사이엔 회색 가위표 밖에 없었지만, 수성관이나 금성관 근처엔 빨간색 가위표가 많이 남아 있었다.

잠시 후, 나기와 친구들은 나무 밑에서 투명한 유리병과 핀셋을 발견했다. 병 안엔 투명한 액체가 절반쯤 담겨 있었는데, 그 속엔 콩알만 한 하얀색 구슬이 가라앉아 있었다. 유리병을 살펴보던 금슬이 주변을 두리번거리며 말했다.

"이게 알인가? 알이라기엔 너무 작지 않아?"

"저기가 둥지인가 봐."

지오가 나무 사이를 가리켰다. 지수가 손을 뻗어도 안 닿을 높이에 투명한 유리병이 있었다. 유리병 입구 주변은 새 둥지처럼 나뭇가지로 꾸며져 있었다.

"웃-샤! 이러면 닿지 않을까?"

지수가 나기를 한쪽 어깨에 태웠다. 나기는 지수 어깨에 앉아 조심스럽게 병뚜껑을 열었다. 강한 기름 냄새가 그의 코를 자극했다.

'뭐지?'

나기는 신중하게 핀셋으로 구슬을 집었다. 구슬은 보기보다 가볍고, 무른 느낌이 있었다. 핀셋으로 구슬을 꽉 잡았다 놓자 구슬 표면에 흠집이 났다. 표면이 긁힌 부분은 은색을 띠었다. 액체 속에서 구슬을 꺼내자 은색 표면은 곧 광택을 잃고 하얀색으로 변했다. 나기는 지수에게 말했다.

"지수야, 이건 알칼리 금속의 일종이야. 기름에 뜨지 않는 걸 보면 아마도 나트륨? 그렇다면 물과 만나 격렬하게 반응할 거야. 놀라지 않게 조심해."

"응!"

지수가 나기의 다리를 꽉 잡고 마음의 준비를 했다. 나기가 구슬을 둥지 안에 떨어트리자, 연기와 함께 불꽃이 튀며 구슬이 물 표면에서 마구 굴러다녔다. 지수는 팔을 움찔하긴 했지만 침착하게 한 걸음 물러나 나기를 바닥에 내려놓았다.

"띠링!"

나기의 핸드폰에서 알림 소리가 울렸다.

> **화학 반응 미션을 달성했습니다.**
> **남은 물품은 뚜껑을 닫아 처음 있던 장소에 놓아 주세요.**

"어떻게 된 거지?"

지수는 주변에 CCTV가 있는지 두리번거렸다. 나기는 핸드폰과 둥지가 있는 나무를 살펴보다가 말했다.

"아마 비콘(beacon) 기능을 활용한 트릭 같아. 나트륨이 녹아서 물의 전기 전도도나 피에이치(pH)가 변하면 주변에 있는 핸드폰에 성공했다는 신호를 보내는 거겠지."

"비… 뭐? 베이컨?"

"비콘. 비콘은 블루투스 4.0 기반의 신호 전달 장치야. 근거리 무선통신 NFC는 10cm 이내에서 작동하지만, 비콘은 수 미터 안에 있는 스마트폰에도 정보를 보낼 수 있어."

"와, 나는 스마트폰으로 이모티콘이나 보낼 줄 알았지 그런 게 되는 줄은 몰랐네."

"…."

이모티콘 이야기가 나오자 나기는 입을 다물었다. 지난번에 찾아보다 깜빡했던 '큰 이모티콘 보내는 법'을 오늘 다시 알아봐야겠다고 결심했다.

3월의 날씨는 아직 쌀쌀했다. 아지트로 돌아가는 길에 리나가 나기에게 물었다.

"아까 그 구슬이 알칼리 금속인 건 어떻게 알았어?"

"일단 병을 열었을 때 기름 냄새가 났어. 알칼리 금속은 반응성이 커서 공기 중의 수분이나 산소와 반응하니까 기름에 보관하거든. 그리고 무게도 가벼웠어."

"속이 비어 있는 걸 수도 있잖아?"

"그래서 핀셋으로 조금 세게 잡았더니, 흠집이 나면서 찌그러졌어. 알칼리 금속은 칼로 자를 수 있을 정도로 무르거든. 그리고 긁힌 부분이 은색이었다가 밖으로 꺼냈을 때 하얗게 변하는 걸 보고 알칼리 금속이라고 확신했어."

"대단하다. 나는 그냥 집어넣었을 것 같아."

"나도 처음엔 그럴 생각이었는데, 둥지가 바로 근처에 있는 걸 보고 왜 굳이 이런 일을 시키는 건지 의심이 들었거든."

지금도 나기의 의심은 풀리지 않은 상태였다. 왜 굳이 알칼리 금속을 물에 넣게 했을까? 알칼리 금속은 물과 만나면 격렬하게 반응하는 특성이 있어서 전혀 대비되지 않은 상태라면 깜짝 놀라 사고가 날 수도 있다. 둥지가 있었던 곳의 높이를 생각하면 의자에서 발을 헛디뎌 떨어지는 일도 충분히 일어날 만했다. 하지만 단순히 악의적이라고 생각하기엔 금속의 조각이 작았다. 만약 금속 조각이 콩알이 아니라 메추리알만 했다면 깜짝 놀라는 정도로 끝나지 않고 폭발이 일어났을 것이다. 아니면 주기율표 더 아래쪽에 있는 알칼리 금속을 썼을 수도 있다. 알칼리 금속은 주기가 증가할수록 물과의 반응이 격렬해진다. 같은 크기의 칼륨이라면 수면에 닿자마자 흩어지며 폭발을 일으켰을 것이고, 루비듐이라면 유리병째로 폭발했을 것이다.

'누가? 왜?'

나기의 머릿속에서는 수많은 의문이 끝없이 이어졌다. 가장 중요한 의문은 프로젝트 가디언즈와 학교의 비밀 사이의 연관성이었다. 하지만 지금 판단하기엔 정보가 너무 부족했다.

황록색 안개

콩쿠르가 3주 앞으로 다가오면서 리나는 거의 매일 저녁 백화란 선생과 함께 연습을 했다. 리나가 연습 중인 작품은 〈코펠리아〉 스와닐다 베리에이션이었다. 스와닐다의 춤은 탑 위에서 매일 책을 읽는 자동 인형 코펠리아를 사람으로 착각한 스와닐다가 춤으로 그녀를 부르는 내용이었다.

"갈비뼈 더 조이고! 앙드오르, 빠르게!"

콩쿠르 준비를 시작하면서 백화란 선생은 전과는 비교할 수 없게 매서워졌다. 리나는 악착같이 노력했지만, 백화란 선생이 원하는 수준은 가혹할 만큼 높았다.

"고개 떨구지 말고 시선은 2번 방향!"

백화란 선생은 목소리를 높였다. 자신이 지금 옳은 판단을 내린 건지 확신이 서지 않았다. 발레에서 3년의 공백이란 그리 쉽게 메꿔지는 것이 아니다. 4월까지 이대로 성장해 준다고 해도 간신히 입상권에 들 정도. 실수할 가능성까지 생각하면 2심에 진출하는 것만으로 다행일지도 모른다.

이런 생각이 들 때마다 백화란 선생은 연습에 박차를 가했다. 만약 리나가 힘든 연습에 정이 떨어져 공부로 방향을 바꾼다면 그 또한 하나의 길일 것이다. 하지만 지금처럼 어중간한 상태로 발레를 계속한다면 그때는 길이 없다.

국내에서 매년 배출되는 발레 전공생은 500명이 넘지만 프로로 데뷔하는 건 50명 남짓이다. 그토록 좁은 문을 통과해도, 그 다음에 이어지는 건 가장 빛나는 1인이 되기 위한 끝없는 경쟁이다. 계속되는 고질병과의 싸움, 부상의 위험, 도태의 공포…. 그 가혹한 세계를 누구보다 잘 알기에 백화란 선생은 채찍질을 멈출 수 없었다.

연습이 끝난 뒤, 백화란 선생은 리나의 발등에 얼음 찜질을 하고 마사지로 뭉친 근육을 풀어 줬다.

"…"

리나의 상태를 보며 백화란 선생은 현재 연습량에 대해 고민했다. 근육이나 발의 상태를 보면 앓는 소리가 나올 법도 한데 리나는 얼음물에 발을 담그고 있는 지금도 별다른 내색이 없었다. 무엇보다 지난주에 근육 상태를 보고 운동량을 조금 줄였는데도 상황이 좋아지지 않은 것도 문제였다. 원래 근육의 긴장도가 좀 높은 편인 건지, 아니면 다른 문제가 있는 건지 백화란 선생은 쉽게 판단이 서지 않았다.

비슷한 시각, 금슬은 기숙사 방에서 20번 문제를 풀었다.
"아! 드디어 나왔다! 다음 미션!"
금슬이 설명 버튼을 누르자 과학자 캐릭터가 걸어 나와 칠판에 글씨를 썼다.

MISSION 2 황록색 안개를 모아라

a. 천왕성관 203호 과학실1로 오세요.

"과학실에 뭔가 있는 건가?"
금슬은 친구들을 부를지 말지 잠시 고민했다. 리나는 부실에 남아 발레 연습을 하고 있었고, 나기와 지수는 체력단련실에 갔다. 지오는 누군가와 약속이 있다며 사라진 상태였다.
"어차피 걔네도 나중에 다 할 건데 뭐."
금슬은 간단히 옷을 걸치고 천왕성관으로 향했다. 나기보다 앞서서 미션을 깨고 싶은 욕심도 있었다.

금슬이 과학실에 도착하자 핸드폰에 알림이 울리면서 안내에 따라 실험을 시작하라는 메시지가 나타났다. 테이블 위엔 아래쪽에 탄소 전극이 달린 H 형태의 유리관과 직류 전원 공급 장치, 클램프, 삼각 플라스크 등이 준비되어 있었다.

"직류 전원 공급 장치의 빨간 선을 시험관 우측에 연결하고, 검은 선을 좌측에…."

금슬은 안내에 따라 실험 기구를 연결했다. 실험 장치는 간단한 전기 분해 장치로, 플러스극에 모인 기체가 유리관을 따라 내려와 삼각 플라스크에 모이는 것 같았다.

"그리고 전원 공급 장치를 켜면…?"

금슬은 버튼을 눌렀지만 아무 일도 일어나지 않았다. 혹시 콘센트가 빠져 있는 건가 확인하고 있을 때 핸드폰에서 알람이 울렸다.

당신은 유독 물질에 노출되었습니다.

핸드폰 화면엔 방금까지 칠판에 안내문을 적던 과학자가 괴로워하며 바닥을 구르고 있었다. 그 움직임과 비명 같은 기침 소리가 너무 실감 나서 금슬은 자신도 모르게 핸드폰을 떨어트렸다. 몇 발짝 물러났던 금슬은 기침 소리가 멈춘 뒤 다시 핸드폰을 집어 들었다.

붉게 변한 화면 속의 과학자는 바닥에 피를 토하고 쓰러져 있었다. 금슬은 온몸에 소름이 돋았다.

금슬은 잰걸음으로 과학실을 나와 수성관으로 향했다. 이른 저녁이었지만 뒤에서 누군가가 따라오는 것 같은 공포심이 그녀의 발걸음을 재촉하게 했다. 수성관 입구가 가까워질 즈음, 운동을 마치고 나오는 지수와 나기의 모습이 보였다.

"…지수야!"

금슬은 지수의 모습을 보자 긴장이 풀리며 눈물이 왈칵 솟았다. 금슬의 우는 모습을 본 지수가 깜짝 놀라 달려왔다.

"왜 그래? 무슨 일 있어?"

목이 멘 금슬은 말없이 핸드폰을 꺼냈다. 게임 화면은 여전히 붉게 물들어 있었고, 과학자의 시체 위엔 47시간 50분 후에 부활한다는 표시가 떠 있었다.

"으응…? 게임에서 죽은 것 때문에 운 거야?"

"그냥 죽은 게 아니고… 막 피 토하고 끔찍한 비명을 지르면서 죽었어. 계속 기침하고…."

지수는 생각보다 큰일이 아니라는 것에 안도하면서 금슬의 어깨를 다독여 줬다.

비슷한 시각, 지오는 매점에서 미도와 음료수를 마시고 있었다. 지오는 지금 상황이 쉽게 이해가 되지 않았다. 친구들과 모여 있을 땐 그래도 괜찮았지만, 미도와 단둘이 있으니 음료수가 코로 들어가는지 입으로 들어가는지 모를 지경이었다. 긴장한 건 미도도 마찬가지였다. 어색한 침묵 끝에 먼저 말을 꺼낸 건 미도였다.

"지난번에 감사 인사도 제대로 못 드린 것 같아서요."

"아니, 뭘, 대단한 일도 아닌데."

"스노보드 엄청 잘 타시던데요? 스키장 자주 다니시나 봐요."

"아니, 뭘, 그냥 가끔."

이번에 스키장을 처음 가 본 지오는 양심의 가책을 느꼈다.

"그날 저를 구해 주시고 망설임 없이 떠나는 모습이 너무 멋지다고 생각했어요."

"그냥 당연히 해야 할 일을 했을 뿐이야. 하하."

지오는 말을 할수록 더 큰 양심의 가책을 느꼈다. 지오는 그때 당시 미도와 이야기를 더 나누려 했지만 보드가 미끄러지기 시작해서 어쩔 수 없이 자리를 떠난 거였다. 지오가 머쓱한 기분에 콧잔등을 긁적이고 있을 때, 핸드폰에서 진동이 울렸다.

"어, 지수야. …지금 아지트로 오라고? 급한 일이야? 어어, 그래."

지오가 전화를 끊자 미도가 물었다.

"아지트요?"

"어, 전에 친구들이랑 학교에 숨겨진 비밀을 풀고 상으로 받은 교실이 하나 있거든. 우린 거길 아지트라고 불러."

"진짜요? 와아- 멋있다!"

"다음에 구경시켜 줄까?"

"정말요?"

반짝반짝한 눈빛의 미도를 보며, 지오는 어깨가 으쓱거렸다. 아지트는 친구들과의 공동 공간이었지만 잠깐 구경시켜 주는 정도는 문제없을 거라고 생각했다.

힌트

다섯 사람은 곧 아지트에 모였다. 금슬의 설명을 들은 나기는 생각에 잠겼다.

"일단 짚이는 부분은 있어. 한번 확인해 보자."

나기는 핸드폰을 꺼내 문제를 풀기 시작했다. 나기가 금슬이 받은 미션에 도달하는 데는 그리 많은 시간이 걸리지 않았다.

아이들은 다시 과학실로 발걸음을 옮겼다. 이번에 지정된 목적지는 천왕성관 204호에 있는 과학실2였다.

천왕성관에 도착하자, 아이들은 물에 빠진 생쥐 꼴로 계단을 내려오는 인자와 마주쳤다. 나기가 물었다.

"무슨 일이야?"

"…하아."

뭔가를 설명하려던 인자는 한숨을 푹 내쉬더니 그대로 나기를 지나쳐 갔다. 아이들은 어깨를 한번 으쓱하고 가던 걸음을 재촉했다.

과학실2에 도착한 나기는 복도에 남은 젖은 발자국을 봤다. 인자가 남긴 것으로 추정되는 발자국은 복도 끝까지 이어져 있었다. 나기는 고개를 한번 갸웃한 뒤 과학실 안으로 들어갔다.

과학실2 안엔 금슬이 했던 것과 똑같은 실험 세트가 갖춰져 있었다. 금슬은 조마조마한 마음으로 나기가 실험 세트를 연결하는 모습을 지켜봤다.

"이렇게 연결한 다음…."

연결을 마친 나기는 과학실 창문을 모두 열고 환풍기도 틀었다. 찬바람이 커튼을 펄럭이며 과학실 안을 휘돌아 나갔다. 테이블로 돌아온 나기가 전원을 켜자 전과는 달리 스위치에 불이 들어오며 약간의 고주파음이 나왔다. 나기의 핸드폰 속 과학자는 아직 멀쩡하게 살아 있었다. 수십 초 정도가 흐른 뒤, 지수가 나기에게 물었다.

"뭐가 진행되곤 있는 거야?"

"응. 내 생각대로라면 곧 황록색 기체가 플라스크 안에 모일 거야."

2분 정도가 지나자, 플라스크 안에 황록색 기체가 고이는 게 눈에 보였다. 기체는 공기보다 무거운 듯 플라스크를 바닥부터 채워 갔다. 곧 나기의 핸드폰에서 알람이 울렸다.

유독 물질 미션을 달성했습니다.
실험 장치의 전원을 끄고
충분히 환기한 뒤 창문을 닫아 주세요.

상황을 지켜보던 금슬이 손가락을 튕겼다.

"아! 염소 가스!"

"맞아. 이 안에 있는 액체엔 염소화합물이 녹아 있을 거야. 아마도 소금(NaCl) 같은 거겠지."

"염소라면… 예전에 수영장 문제에 나왔던 물질이잖아? 사신이라고 불렸던….'"

리나는 1년 전에 풀었던 문제를 떠올렸다. 나기가 고개를 끄덕이며 설명을 보탰다.

"염소 가스는 물에 녹아 염산이 되기 때문에 폐와 기관지에 심각한 손상을 줘. 금슬이는 환기가 되지 않는 상황에서 염소 가스를 포집하려고 했기 때문에 실패 메시지를 받았던 것 같아. 이런 실험으로 생기는 가스는 소량이지만, 밀폐된 환경이라면 위험할 수 있어."

상황의 전모를 알고 나니 금슬의 불안감은 많이 가라앉았다.

결과를 보고 마음이 놓인 건 나기도 마찬가지였다. 누군가가 정말 악의를 가지고 이 게임을 만들었다면 게임 속에서 경고 메시지를 보내는 대신 실험이 진행되도록 놔뒀을 것이다.

나기가 이 게임의 목적에 대해 생각하고 있을 때 게임에서 '힌트1'이라는 메시지와 함께 인터넷 주소 하나가 떴다.

"뭐지? 이거 우리 학교 홈페이지 주소 같은데?"

나기가 링크를 누르자 1학기 학사 일정이 담긴 학교 홈페이지가 나왔다. 4월 말엔 중간고사, 5월 중순엔 체육대회, 7월 초에는 기말고사가 있었다. 7월 중순엔 문화제가 있었고 곧이어 방학식이 열렸다. 홈페이지를 살펴보던 나기의 뇌리에 천상천 교장의 힌트가 스쳤다.

'모두 힘을 모아 축제의 날 쏟아지는 유성우를 막으세요.'

"아, 이거… 설마?"

"왜?"

"축제의 날은… 이 둘 중 하나가 아닐까? 체육대회, 아니면 문화제."

"그럼 유성우는?"

"그건 아직 모르겠어. 하지만 이 게임이 학교의 비밀과 관련된 건 확실해 보여."

나기는 홈페이지에 있는 날짜를 눈여겨봤다. 체육대회는 5월

16일, 문화제는 7월 19일이었다.

그날 밤, 나기는 30번 문제를 풀었다. 100포인트씩 주던 문제 보상은 이제 5000포인트 정도로 늘어났다. 아마도 30번 문제에 도달한 학생 수가 그리 많지 않기 때문인 것 같았다.

MISSION 3 밸브 조작은 신중하게

안내를 따라 밸브를 조작하세요.
천왕성관 210호. 170621#

미션을 확인한 나기는 친구들에게 단체 메시지를 보냈다. 금슬에게 곧 답장이 왔다.

연금슬
난 부활하면 직접 풀어 볼래.

권지오
나도. 이제 24번까지 풀었음.

방리나
난 같이 갈게. 언제 갈 거야?

난 지금이라도 가려고. 지수 넌 어때?

나기는 지수의 답장을 기다렸지만, 이미 잠들었는지 답이 오지 않았다. 나기와 리나는 기숙사 앞에서 만나기로 했다.

뜻밖의 벌칙

"나기야!"

리나가 계단을 내려오며 나기를 불렀다. 리나는 하늘색 원피스로 된 잠옷에 바람막이를 걸치고 있었다. 예상치 못한 모습에 나기가 당황하자, 리나는 갑자기 쑥스러워진 듯 옷을 여미며 얼굴을 붉혔다.

"지금 막 자려던 참이라…."

"미안, 내가 너무 늦은 시간에 불렀지?"

"아냐, 나도 궁금해서 나온 거야."

두 사람은 천왕성관으로 향했다. 통금 시간인 10시 30분까지는 그리 많은 시간이 남아 있지 않았다. 불이 꺼진 건물에 두 사람이 다가서자, 센서 등이 작동해 복도에 불이 켜졌다.

"휴, 다행이다. 불이 꺼져 있어서 좀 무서웠거든."

리나가 안도의 한숨을 내쉬었다. 나기는 리나의 손을 잡을까 고민하다가 몇 걸음을 앞장서서 걸어갔다.

"가자. 내가 앞장설게."

210호에 도착한 나기는 비밀번호를 입력했다. 멜로디와 함께 문이 열리고, 실내에 자동으로 불이 켜졌다. 교실 절반 정도 크기의 공간엔 아무것도 놓여 있지 않았고, 검게 칠해진 벽면에 박혀 있는 10여 개의 빨간 일자 밸브 손잡이만이 눈에 띄었다. 모든 손잡이는 수평 방향으로 정렬되어 있었다. 리나가 고개를 갸웃거리며 물었다.

"이건 뭐지?"

"아마도 태양계에 대한 문제를 푸는 것 같아. 중간에 있는 게 태양이고 주변에 있는 게 화성, 목성, 토성…. 하얀색 선은 각 행성의 공전 궤도를 표현한 것 같아."

과연 조금 떨어진 곳에서 보니 밸브 아래쪽에 여러 행성의 그림이 있었다. 각각의 행성엔 이름도 작게 쓰여 있었다.

"그런데 왜 지구는 없어?"

"아마 여기에 같이 그리기엔 태양에 너무 가까워서 그런 것 같아. 가장 바깥쪽의 에리스 궤도까지 그린 그림이니까."

"에리스?"

"에리스는 태양계에서 가장 멀리 있는 왜행성이야. 명왕성보다 1.3배쯤 크고 디스노미아라는 위성을 가지고 있어."

"와, 그런 건 어떻게 아는 거야?"

"에리스를 발견하면서 이걸 태양계의 새로운 행성으로 봐야 할지, 명왕성을 행성이 아닌 왜행성으로 봐야 할지 논란이 있었거든. 결국 논의 끝에 명왕성이 행성 지위를 박탈당했어."

"그렇구나."

두 사람이 이야기를 나누고 있을 때, 나기의 핸드폰에서 알람이 울렸다. 게임을 실행하자 그림과 함께 규칙이 안내되었다.

> a. 밸브는 90° 회전시키는 것이 1회 조작입니다.
> b. 이미 회전된 밸브를 조작할 땐 다시 원위치에 놓으면 됩니다.
> c. 안내 음성에 따라 밸브를 조작하세요. 제한 시간은 15초입니다.
> d. 준비를 마쳤으면, 핸드폰 볼륨을 최대로 하고 지정된 위치에 핸드폰을 놓으세요.

나기는 안내에 따라 핸드폰을 벽에 있는 주머니 안에 넣었다. 곧 미션이 시작되었다.

〈고리를 가진 천체의 밸브를 모두 돌리세요.〉

"목성형 천체에는 모두 고리가 있어. 목성, 토성, 천왕성, 해왕성."

〈다음으로, 가장 질량이 큰 천체의 밸브를 돌리세요.〉

"태양은 태양계 질량의 99.8%를 차지해."

〈다음으로, 가장 긴 공전 주기를 가진 행성의 밸브를 돌리세요.〉

"공전 주기의 제곱은 타원 궤도의 긴반지름 세제곱에 비례해. 결국 멀리 있는 행성일수록 공전 주기가 길지. 정답은 해왕성이야."

나기는 리나에게 이유를 설명하며 문제를 막힘없이 풀었다.

〈다음으로, 에리스의 궤도 초점에 있는 밸브를 돌리세요.〉

"태양계에선 행성이든 왜행성이든 타원 궤도의 초점엔 태양이 있어."

밸브를 돌리고 다음 문제를 기다리는 동안, 나기는 문득 물에 빠진 듯한 모습으로 계단을 내려가던 인자의 모습을 떠올렸다. 그의 발자국은 이 교실까지 이어져 있었다.

'뭐지? 설마 틀리면 물벼락이라도 맞는 건가?'

다음 문제가 나오길 기다리며 귀를 기울이고 있던 나기는 천장에서 '팅!' 하고 울리는 금속 소리를 들었다.

"…?!"

리나가 미처 상황을 파악하기도 전에, 나기는 재빠르게 그녀를 온몸으로 감쌌다. 바로 다음 순간, 천장에 있는 스프링클러가 작동해 교실 전체가 물바다로 변했다.

"밖으로!"

나기는 다급하게 입구로 발걸음을 재촉했지만, 출입문은 열리지 않았다. 두 사람은 꼬박 30초 정도 찬물을 뒤집어썼다.

스프링클러가 작동을 멈추자 나기는 벽면을 돌아봤다. 그제야 에리스 궤도 한쪽의 텅 빈 배경에 있는 밸브가 보였다.

'타원의 초점이 2개라는 사실을 깜빡하다니….'

공전하는 천체들은 타원 궤도를 그리지만, 그 정도는 조금씩 달랐다. 궤도가 원에서 벗어난 정도를 '궤도 이심률'이라고 하는데, 완벽한 원의 경우 궤도 이심률은 0이고 1을 넘어가면 공전 운동을 하지 못하고 쌍곡선을 따라 탈출하게 된다. 지구의 궤도 이심률은 0.017로 원에 가깝지만 수성은 0.206 정도로 살짝 눌린 타원 모양이다. 0.967의 궤도 이심률을 가진 핼리 혜성의 궤도는 쿠키를 옆에서 본 것 같은 모양이다. 이렇게 궤도 이심률이 증가할수록 타원의 두 초점은 상대적으로 멀리 떨어진 곳에 있게 된다. 에리스의 궤도 이심률은 0.44였다.

"미안, 이런 실수를…."

나기는 벽을 짚고 있던 팔을 치우고 리나에게서 한 걸음 멀어졌다. 나기가 젖은 머리를 비스듬히 쓸어넘기자, 평소엔 잘 보이지 않던 그의 눈매가 분명하게 드러났다. 나기가 젖은 교복 자 켓에서 물기를 터는 동안, 흠뻑 젖은 와이셔츠 아래로 지난 1년 간 단련한 몸의 윤곽이 고스란히 드러났다. 나기가 리나를 돌 아보며 말했다.

"정말 미안."

"아, 아냐, 네가 막아 준 덕분에 많이 안 젖었어."

그렇게 답하는 리나의 앞머리에선 물방울이 떨어지고 있었 다. 나기는 스스로에게 너무 화가 나 가슴이 답답했다. 그는 셔 츠 위쪽 단추 2개를 풀고, 미간을 찌푸린 채 깊은 한숨을 내쉬 었다. 그 모습을 본 리나는 나기가 자신에게 화를 내는 것은 싫 지만, 가끔 다른 일로 화가 나는 건 나쁘지 않겠다고 생각했다.

나기는 주머니에 넣어 뒀던 핸드폰을 꺼냈다. 게임 속 과학자 는 바닥에 쓰러져 있었고, 화면은 붉은색으로 변해 있었다.

> 당신은 누출 사고에 휘말려 사망했습니다.
> 부활까지 71 : 56 : 37

미션이 진행될수록 부활까지 걸리는 시간은 길어지는 듯했 다. 나기는 미션 도중에 무슨 일이 생길지 모르는 이상, 리나와 함께 오는 건 위험할 수 있겠다고 생각했다.

• 명왕성이 왜행성인 이유 •

2학년 1반 교실. 금슬은 설레는 마음으로 과학 시간을 기다리고 있었다. 곧 종이 울리고, 공위성 선생이 교실로 들어왔다.

"오늘은 태양계에 관해 이야기해 보자."

그는 곧 창가 쪽으로 걸어가 칠판 끝에 손바닥만 한 작은 원을 그렸다.

"이게 태양이라고 하자. 태양의 지름은 약 140만km이니, 이 그림에서 1cm는 약 10만km라고 볼 수 있다. 태양에 가장 가까운 행성은 누구지?"

"수성이요!"

아이들은 너나 할 것 없이 소리 높여 말했다.

"그럼 수성은 어디쯤 그려야 할까."

공위성 선생의 질문에 아이들은 꿀 먹은 벙어리가 되어 서로의 눈치를 살폈다.

"수성의 위치는, 대략 여기다."

공위성 선생은 성큼성큼 몇 걸음을 옮긴 뒤, 칠판의 반대편 끝에 '톡!' 하고 작은 점을 하나 찍었다.

"수성과 태양 사이 거리는 이 그림에서 약 5.8m에 해당한다. 수성의 크기를 정확히 표시하면 이 점보다 훨씬 작다. 수성의 지름은 5000km, 대략 0.5mm에 불과하니 말이다."

금슬의 귓가에 소름이 돋았다. 태양계와 행성을 표시한 그림은 수도 없이 봤지만, 이런 식으로 우주의 크기를 느껴 본 건 처음이었다.

"태양에서 금성까지의 거리는 약 1억 1000만km, 금성의 지름은 1만 2000km다. 보통의 모래알 하나가 저기쯤 떠 있다고 보면 되겠지."

공위성 선생은 손끝으로 교실 뒷문을 가리켰다.

"지구까지의 거리는 1억 5000만km로 이제 2학년 2반까지 멀어졌다. 이 거리를 1천문단위, 영어로는 에스트로노미컬 유닛(astronomical unit), 줄여서 AU로 표시한다."

그는 칠판 한쪽에 '1억 5000만km≒1AU'라고 메모했다.

"2학년 3반 중간쯤에 화성이 있고, 알사탕만 한 목성은 78m쯤 떨어져 있다. 목성관 어디쯤이겠군. 기숙사쯤에 토성이 있고, 텃밭 끝자락에 5mm짜리 천왕성이 있고, 등산로 초입에 비슷한 크기의 해왕성이 있다."

설명을 마친 공위성 선생은 태양 옆에 작은 점 4개를 찍고, 엄지손톱보다 작은 크기의 동그라미 4개를 그렸다.

"이 태양을 중심으로 뒷산 정상쯤을 반지름으로 하는 구(球)를 상상해라. 그 공간 안에 이런 모래알 4개와 구슬 4개가 떠 있는 게 태양계다. 나머지 공간은 대부분 진공이다."

금슬은 속이 울렁거리는 기분이 들었다. 우주는 그녀가 평소 상상하던 것보다 무섭도록 텅 비어 있었다. 잠시 생각에 잠겨 있던 금슬은 손을 들고 질문했다.

"선생님, 뒷산 정상쯤을 태양계의 경계로 삼으신 이유는 무엇인가요?"

"좋은 질문이다. 그건 현재까지 태양계에서 관측된 천체 중 가장 바깥쪽에 있는 왜행성까지의 거리가 약 100천문단위이기 때문이다. 이 그림의 비율로 보면 1.5km 정도겠지. 태양 주변을 도는 왜행성 중 유명한 것으론 명왕성과 에리스가 있다."

"명왕성은 왜 행성이 아닌가요?"

"명왕성은 왜행성이라고 말했다."

공위성 선생의 답변에 금슬의 머리 위로 물음표가 2개쯤 떠올랐다. 금슬의 표정을 본 공위성 선생의 머리 위에도 물음표가 2개쯤 떠올랐다. 뒤늦게 질문의 요지를 파악한 공위성 선생이 어색한 헛기침을 하며 답변을 바로잡았다.

"명왕성은 다른 목성형 행성들과 달리 크기도 작고, 궤도이심률도 커서 때로는 해왕성 궤도 안쪽을 지난다. 이런 이유로 명왕성을 태양계의 마지막 행성으로 보는 것이 합당한가에 대한 논의는 꾸준히 있었다. 2005년, 명왕성보다 크고 멀리 있으면서 위성까지 가지고 있는 에리스가 발견되면서 명왕성은 2006년에 에리스와 함께 왜행성으로 분류된다. 관측 기술의 발전에 따라 이와 비슷한 왜행성은 계속해서 발견될 가능성이 크기 때문이다."

공위성 선생이 답변을 마칠 때쯤, 조금 전의 콩트를 눈치챈 아이들이 웃음을 참느라 큭큭거리기 시작했다. 마침 수업을 마치는 종이 울렸고, 공위성 선생은 성큼성큼 교실을 떠났다. 어깨 뒤에서 들려오는 아이들의 웃음소리에 그는 자신도 모르게 피식 웃었다. 얼마만에 지은 웃음일까. 8분 전에 태양을 떠나 지구에 도달한 빛이 공위성 선생의 눈가를 간지럽혔다.

코펠리아

다음 날, 특별활동 시간이 돌아왔다. 백화란 선생은 리나와의 연습에 집중하기 위해 대학교 후배에게 도움을 청했다. 과학특성화중학교 인근에서 발레 학원을 운영 중인 도수진 선생은 다양한 학생들을 가르친 베테랑인 만큼 발레부 수업을 자연스럽게 이어받았지만, 정작 문제는 리나와 백화란 선생 사이에서 발생했다.

"리나야, 집중해! 그런 춤을 보고 코펠리아가 내려오고 싶겠니?"

"죄송해요. 다시 해 볼게요."

백화란 선생의 호통에 리나는 다시 처음 위치로 돌아가 자세를 잡았다. 그런데 돌연 음악에 맞춰 스텝을 밟던 리나가 크게 휘청였다. 백화란 선생이 황급히 리나를 부축했다.

"조심…! 잠깐, 너?"

리나의 팔에서 심상치 않은 열감을 느낀 백화란 선생은 이마에 손을 얹었다. 불덩이 같은 열기가 손바닥에 전해졌다.

"몸이 안 좋으면 말을 해야지!"

"죄송해요… 해열제를 먹긴 했는데…."

시무룩하게 눈을 떨구는 리나를 보며 백화란 선생은 아랫입술을 깨물었다.

"옷 갈아입고 보건실로 가자."

"아니에요, 선생님, 저 할 수 있어요."

"아니. 오늘은 못 해."

백화란 선생과 리나가 실랑이를 벌이자 상황을 지켜보던 도수진 선생이 리나에게 다가갔다. 도수진 선생은 리나가 어떤 마음으로 과학특성화중학교에서 발레를 하고 있는지 익히 들어 알고 있었다.

"리나야, 지금 어떤 마음인지 알아. 하지만 지금은 백화란 선생님 말 들어. 그렇지 않으면…."

도수진 선생은 말을 멈추고 왼쪽 타이즈를 무릎 위로 걷어 올렸다. 무릎 옆으로 5cm 정도 되는 수술 자국이 선명하게 모습을 드러냈다.

"나처럼 평생 후회하게 될 수도 있어."

리나는 보건실 침대에 누워 멍하니 천장을 올려다봤다. 리나는 보건실에 오면서 들었던 도수진 선생의 이야기를 떠올렸다.

도수진 선생은 발레단 입단 후 처음으로 주역을 맡자 최선의 연기를 보여야 한다는 압박감에 자신을 너무 몰아세웠다. 누적된 피로는 결국 전방 십자 인대 파열과 반월상 연골판 손상이라는 큰 부상으로 이어졌다. 수술은 성공적이었지만, 무대에는 서지 못했다. 긴 재활 끝에도 이전의 역량을 되찾지 못한 그녀는 발레단을 그만두고 발레 학원을 운영하게 되었다.

리나는 자신의 무모함에 대한 부끄러움과 도수진 선생의 상처를 들춰낸 미안함에 소리 없이 울었다. 백화란 선생은 컨디션 관리의 중요성과 무리한 연습의 위험성에 대해 간단히 주의를 준 뒤 부실로 돌아갔다.

특별활동 시간이 끝날 무렵, 노크 소리와 함께 보건실 문이 열렸다. 간식 봉투를 든 나기가 우물쭈물하며 보건실 안을 두리번거렸다.

"저기, 보건 선생님은?"

"잠깐 행정실에 가셨어."

"저기… 미안해. 나 때문에…"

"아니야. 그전부터 좀 무리하긴 했거든."

리나는 지난 몇 주간 자신의 모습을 돌아봤다. 백화란 선생의 연습 프로그램은 절대 느슨하지 않았지만, 매일 1세트를 하라고 하면 리나는 2세트를 했다. 남들보다 2배로 늦었으니, 2배로 더 노력해야 한다는 압박감에 컨디션 관리의 중요성을 잊었다. 만약 오늘 같은 일이 없었다면 결국 부상으로 이어졌을 것이다.

"요즘 네가 연습하는 모습을 보면 너무 힘들어 보여서 걱정되긴 했어."

"오랜만의 대회라… 불안해서 그래."

"빨리 나아서 전처럼 출 수 있게 되면 좋겠다. 네가 춤추는 모습을 보면 나까지 춤을 추고 싶어지거든."

나기의 말에 리나는 눈이 번쩍 뜨였다. 막연하게 가지고 있던 코펠리아의 이미지가 순식간에 구체화되었다. 리나는 탑 위에서 책을 읽고 있는 나기를 상상했다. 무심한 얼굴로 책장을 넘기던 나기는 리나의 춤을 보고 탑에서 내려와 함께 춤을 출 것이다. 한참을 춤추던 나기는 땀에 젖은 앞머리를 손으로 쓸어 넘기며….

"…."

"리나야? 너 얼굴이 너무 빨간데?"

리나가 한창 상상의 나래를 펼치고 있을 때, 나기가 그녀의 이마와 자신의 이마를 짚으며 열을 쟀다. 나기의 손바닥은 생각보다 컸고, 굳은살도 박여 있었다. 빨갛게 달아올라 있던 리나의 얼굴이 한층 더 화끈 달아올랐다.

"어, 잠깐, 너무 뜨거운데? 보건 선생님 모셔 올게!"

나기가 우당탕 소리를 내며 보건실을 뛰쳐나간 뒤, 리나는 이불을 머리끝까지 뒤집어썼다. 지금 당장 이 기분을 춤으로 표현할 수 없다는 사실이 분해서 리나는 이불을 팡팡 찼다.

✦ ✦ ✦

3일 후, 리나는 컨디션을 완전히 회복했다. 토슈즈를 신으면서부터 그녀를 꾸준히 괴롭혔던 발등 통증도 말끔하게 사라졌다. 날아갈 듯 가벼운 표정으로 동작을 이어 가는 리나를 보며 백화란 선생은 안도의 한숨을 내쉬었다.

"고민하던 코펠리아의 이미지를 드디어 찾은 것 같네. 어떤 계기가 있었니?"

백화란 선생의 질문에 리나는 말없이 얼굴을 붉혔다. 리나는 오늘 연습 내내 책을 읽고 있는 나기를 소리쳐 부르는 느낌으로 춤을 췄다.

'나기야, 어서 나와. 나랑 같이 춤추자! 이걸 봐, 춤춘다는 건

이렇게나 행복한 일이야!'

부끄러움에 몸을 배배 꼬는 리나의 모습에 백화란 선생은 가볍게 웃으며 그녀의 머리를 쓰다듬었다.

"뭐, 어쨌든 괜찮은 느낌이야. 지금의 이미지를 쭉 가지고 가 보자."

리나는 씩씩하게 고개를 끄덕였다.

방송댄스부

2주가 지났다. 미로는 새롭게 꾸민 방송댄스부 부실을 만족스러운 얼굴로 둘러봤다. 수성관 1층에 자리한 이곳은 층고도 높고 주변에 소음으로 피해를 줄 일도 없어 댄스 연습에 최적인 장소였다. 새로 칠한 페인트 냄새가 남아 있는 점이나 밴드부의 서툰 연습 소리가 들려오는 정도는 애교로 봐줄 만했다.

"이야- 그럴싸한데?"

인성은 방송댄스부에서 가장 춤을 잘 추는 3명 중 하나였다. 다른 1명은 미로, 나머지 1명은 나태한이었다. 인성은 매끈한 바닥을 향해 무릎으로 슬라이딩하더니 그대로 두 손으로 몸을 들어 올렸다. 귀가 땅에 닿을 듯한 자세로 이상하게 몸을 꼬아 잠시 물구나무를 선 인성은 다리와 상체를 따로 휙휙 돌리며 자리에서 벌떡 일어났다.

"와- 딱 좋네. 죽인다, 아주."

미로는 전국의 모범생들이 모인 과학특성화중학교에 인성 같은 아이가 있는 게 신기했다.

'하긴, 쟤가 신입생 대표였지.'

미로가 고개를 절레절레 흔들고 있을 때 태한이 하품을 하며 부실로 들어왔다.

"하-암."

태한은 언제나 피곤하고 매사가 귀찮은 얼굴이었다. 푹 눌러 쓴 비니 모자나 구부정한 자세가 그런 인상을 더 강하게 만들었다. 하지만 춤출 때 그의 태도는 180° 돌변했다. 자기소개 시간에 갑자기 전원이 켜진 것처럼 격렬하게 춤추던 태한의 모습을 미로는 똑똑히 기억했다.

유연하게 몸을 풀고 있는 두 사람을 보며, 미로의 머릿속은 셋이 출 안무에 대한 아이디어로 가득했다. 이곳에서의 생활이 기대했던 것보다 훨씬 흥미로워질 것 같았다.

특별활동 시간이 끝날 무렵, 방송댄스부 아이들은 대부분 가쁜 숨을 몰아쉬고 있었다. 하지만 이 정도는 춤을 꾸준히 춰 온 미로에게 몸풀기에 불과했다. 아쉬운 기분이 드는 건 인성도 마찬가지였다.

"아- 선생님, 이제 몸 좀 풀렸는데. 좀 더 추다 가면 안 돼요?"

"아쉽지만 여긴 선생님이 잠그고 가야 해."

강사 선생의 말에 인성은 운동화로 바닥을 차며 '삑!' 소리를 냈다.

잠시 후, 부실을 나서는 인성을 미로가 불렀다.

"야, 너 좀 추더라?"

"그러는 너도 좀 추던데?"

"그래서 말인데, 너 혹시 연습 장소 필요하지 않아?"

"왜? 어디 좋은 데 있어?"

"어디서 들었는데, 학교에 숨겨진 비밀을 풀고 아지트를 받은 선배들이 있대."

"아지트?"

"아무 때나 들어갈 수 있고, 마음대로 꾸밀 수 있는 교실이라던데."

미로는 미도에게 들은 이야기를 말했다. 인성은 눈을 반짝이며 미로의 말에 귀를 기울였다. 학교 안에 개인 연습실을 가질 수 있다니, 그건 꽤 구미가 당기는 일이었다.

"그 비밀은 어떻게 푸는데?"

"작년엔 입학식 때 교장 선생님이 한 말에 첫 번째 힌트가 있었대."

"뭐? 나 그거 안 듣고 있었는데. 넌 들었어?"

"아니, 나도 그땐 몰랐으니까."

시작부터 난관에 부딪힌 두 사람은 이 문제를 어떻게 해결할지 고민했다. 바로 그때, 뒤에서 누군가가 천상천 교장의 훈화를 중얼거렸다.

"과학특성화중학교 신입생 여러분, 반갑습니다. 저는 본교의 교장을 맡은 천상천입니다. 이 학교가 문을 연 지난해, 가장 많이 받았던 질문은 '그곳엔 어떤 학생들이 있나요?'였습니다. 저는 이 질문에 답을 하기가 쉽지 않았습니다. 제 열 손가락으로 꼽을 수 없을 만큼 많은 학생이 각각의 재능과 개성을 반짝이고 있었기 때문입니다. 올해 신입생 여러분들의 눈에서도 그런 반짝임이 느껴집니다."

미로와 인성은 놀란 눈으로 목소리가 들려온 곳을 돌아봤다. 태한이 주머니에 손을 넣은 채 두 사람을 쳐다보고 있었다. 태한은 구부정한 등을 조금 펴고 비니 틈새로 미로를 내려다보며 말했다.

"계속해 줘?"

내기

점심시간, 식사를 마친 나기는 아지트에서 게임 화면을 바라봤다. 지금까지는 10번 단위로 문제를 풀면 미션이 나왔는데, 40번 문제를 푼 지금은 '851/900'이라는 숫자만 떠 있었다. 일주일 전 처음 이 창을 확인했을 땐 '795/900'이었다.

'이 숫자는 대체 뭐지?'

나기는 숫자가 올라가는 타이밍이나 주기를 주의 깊게 보고 있었다. 숫자는 보통 식사 시간 즈음에 많이 증가했고, 수업 시간엔 거의 변동이 없었다. 나기가 몇 가지 다른 가능성을 고려해 보고 있을 때, 뒤쪽에서 금슬의 환호성이 들려왔다.

"풀었다!"

"36번 풀었어?"

금슬의 환호에 가장 먼저 반응한 건 지오였다. 두 사람은 꾸준히 자신의 힘으로 문제를 풀고 있었다. 그런데 바로 다음 순간, 나기의 핸드폰에 떠 있던 숫자가 '852/900'으로 증가했다.

'뭐지?'

나기는 혹시나 하는 마음에 지오와 금슬의 대화에 귀를 기울였다. 지오가 금슬에게 물었다.

"마름모 가운데 저항이 있는데 합성 저항을 어떻게 구했어?"

"음… 힌트만 알려 줄게. 휘트스톤 브리지*."

"휘트스톤 브리지…. 아! 대각선에 있는 저항끼리 곱한 값이 서로 같으면 마름모 가운데 있는 선에는 전류가 안 흐르니까 빼고 계산해도 되는구나!"

"맞아. 저항이 2개씩 들어 있는 병렬 저항만 구하면 돼."

금슬에게서 힌트를 얻은 지오는 다시 문제 풀기를 시작했다. 잠시 후 지오가 핸드폰을 높이 들며 외쳤다.

"앗싸! 풀었다!"

나기는 핸드폰 화면을 확인했다. 숫자가 '853/900'으로 올라갔다. 나기는 이 숫자가 다른 학생들이 푼 문제의 총합이라고 확신했다.

---

* 4개의 저항이 다이아몬드 모양으로 연결된 회로로, 알려지지 않은 저항값을 측정하기 위해 사용한다.

비슷한 시각, 인성은 태한과 교실에서 티격태격하고 있었다. 인성이 태한에게 소리쳤다.

"건물 한 군데씩 나눠서 찾아보자는데 너는 뭐가 불만이야?"

"말했잖아. 아이디어는 내가 냈으니까, 노가다는 너희 둘이서 하라고."

"네가 그렇게 잘났어?"

"내가 잘난 게 아니면 네가 못난 거지."

인성의 얼굴이 붉으락푸르락했다. 자신을 이런 식으로 얕보는 건 태한이 처음이었다. 소란이 커지자 아이들이 수군거리며 두 사람의 대화에 귀를 기울였다.

"야, 나 신입생 대표거든?"

"그런데 왜 힌트는 못 풀어? 아, 알겠다. 너 공부는 잘하는데 머리는 나쁘지?"

인성이 이를 뿌득 갈았다. 만만한 상대였다면 바로 발차기든 주먹이든 날렸겠지만 태한은 인성보다 키도 크고 단련된 몸을 가지고 있었다. 태한이 춤만 잘 추는 게 아니라 격투기라도 배웠다면 승리를 장담할 수 없는 상황이었다. 인성은 그런 불확실한 싸움에 앞으로의 체면을 걸 수는 없다고 생각했다. 그는 이 싸움을 가장 자신 있는 분야로 바꾸기로 했다.

"공부 못하면 머리 좋은 게 무슨 소용이야? 아- 혹시 그건

가? 우리 애가 머리는 좋은데 공부를 안 해요~"

여자 목소리를 흉내 내며 깐죽거리는 인성의 모습에 지켜보던 아이들이 웃음을 터트렸다. 태한이 자리에서 일어나 인성 앞에 바싹 붙어 섰다.

"뭘 믿고 이렇게 나대?"

"공부. 학생의 본분이 공부 아냐?"

"참 나, 그래서 뭐. 공부로 붙자고? 문제집 놓고?"

"이번 중간고사. 10만 원 빵 어때?"

아이들의 분위기가 크게 술렁였다. 예상과 다르게 이야기는 흥미진진하게 흘러가고 있었다. 태한이 입술 안을 한번 훑고 말했다.

"50만 원."

"뭐?"

"50만 원 빵 하자고. 쫄리면 돼지시든가."

"콜!"

지켜보던 아이들이 환호성을 질렀다. 소문은 1학년들 사이에 빠르게 퍼져 나갔다.

소문을 들은 미로는 씩씩거리며 태한을 찾아갔다. 미로는 방금 자기가 맡은 건물에서 다음 문제를 발견한 참이었다. 자신이 점심시간 내내 건물 안을 뒤지는 동안 두 사람은 쓸데없는 자존심 싸움이나 하며 교실에 처박혀 있었다는 데 엄청난 배신감을 느꼈다. 미로가 교실에 들어섰을 때, 태한은 책상에 엎드려 자고 있었다.

"야! 나태한!"

"…너는 왜 또 화가 났어?"

"일은 나눠서 하는 게 당연한 거 아냐?"

"나눠서 하잖아. 나는 풀고, 너희는 찾고."

미로는 발끈했지만 태한의 말도 일리는 있었다. 천상천 교장의 훈화를 기억한 것도, 지금까지 문제의 핵심 키워드를 맞춘 것도 모두 태한이었다. 미로의 표정 변화를 눈치챈 태한이 기지개를 쭉 켜고 말했다.

"그렇게 인상 쓰다 예쁜 얼굴에 주름 생긴다?"

"주, 주름 안 생기거든?"

미로는 주름이란 말에 발끈하면서도, 예쁜 얼굴이란 말엔 가슴이 두근거렸다. 예쁘다는 말은 지금까지 수도 없이 들었지만 태한의 묘한 분위기는 그 말을 새롭게 느끼게 했다.

"다음 문제 찾으면 말해. 바로 풀어 줄 테니까."

"…찾았어."

"그럼 말해."

"여긴 듣는 애들이 많잖아."

"그럼 작게 말해. 아니면 나중에 말하든가."

태한은 이제 할 말을 마쳤다는 듯 다시 책상에 엎드렸다. 미로는 이대로 자리를 떠날까 했지만 새로운 문제의 답이 너무 궁금했다. 고민하던 미로는 핸드폰 메모장에 문제를 적어서 태한에게 내밀었다.

'달토끼는 공정한 상인을 찾는다.'

"…"

핸드폰을 받아 든 태한은 의자를 뒤로 넘기더니 뭔가를 톡톡 적기 시작했다. 그는 잠시 후 통화 종료 화면이 떠 있는 핸드폰을 미로에게 돌려줬다.

"내 번호야. 저장해 놔."

"누가 번호 달래?!"

미로는 얼굴을 붉히며 핸드폰을 낚아채 성큼성큼 교실 밖으로 나갔다. 뒤에서 와자지껄하게 들려오는 교실 소음이 그녀의 심기를 다시 불편하게 했다. 발끈한 미로가 씩씩거리며 걸어가고 있을 때, 낯선 번호로 새로운 메시지가 도착했다.

Han

양팔 저울

미로는 메시지 내용을 곱씹었다. 달의 중력은 지구 중력의 6분의 1에 불과하다. 만약 달에서 평범한 저울에 6kg짜리 물건을 올려놓으면 1kg으로 표시가 될 것이다. 하지만 분동으로 무게를 재는 양팔 저울은 지구에서도 달에서도 똑같이 사용할 수 있다. 물체와 저울의 맞은편 분동에 작용하는 중력이 똑같이 달라지기 때문이다.

"짜증 나, 정말."

미로는 태한의 연락처를 '밥맛'이라고 저장했다. 지금 가슴이 두근거리는 건 화가 났기 때문이라고, 미로는 속으로 되뇌었다.

꽃구경

발레 콩쿠르 당일이 되었다. 한국발레연맹에서 매년 개최하는 이 대회는 국내 주요 발레 콩쿠르 중 하나였다. 클래스당 적게는 20명, 많게는 100여 명이 출전하는 이 대회는 총 3일에 거쳐 치러지는데, 이틀 동안 1심을 진행하며 참가자를 10여 명으로 추린 후 2심을 진행했다.

리나의 분장과 의상 착용을 위해 도수진 선생이 함께 갔다. 백화란 선생에게 이목이 쏠리면 부정적인 효과도 있을 수 있다는 나름의 배려였다. 하지만 지금 리나는 백화란 선생의 존재가 간절했다. 손끝이 시려 오는 긴장감에 연신 양팔을 쓸어내리는 리나에게 도수진 선생이 핫팩과 함께 커버에 싸인 드레스를 내밀었다.

"리나야, 이거 받으렴."

"…."

"백화란 선생님이 예전에 입었던 의상이야. 수선이 늦어서 미안하다고 전해 달라고 하셨어."

커버를 열자 눈에 익은 스와닐다 의상이 모습을 드러냈다. 청출어람관에 있는 자료 사진에도 나와 있던 바로 그 드레스였다. 평범한 마을 처녀인 스와닐다의 의상은 얼핏 보면 소박해 보였지만 스커트는 놀랄 만큼 가벼우면서도 풍성했고, 라인을 돋보이게 해 주는 부속들이 꼼꼼하게 배치되어 있었다. 리나의 눈에 눈물방울이 맺히자, 도수진 선생은 황급히 화장솜으로 눈가를 두드렸다.

"아이고, 화장 번진다. 울지 마, 뚝!"

"뚝!"

리나는 입술을 앙다물며 눈물을 참았다. 서로 말없이 2초 정도 바라보던 두 사람은 동시에 웃음을 터트렸다.

의상을 갈아입은 리나는 커튼 뒤에서 순서를 기다렸다. 앞선 학생은 〈돈키호테〉 키트리 베리에이션을 추고 있었다. 콩쿠르에선 이렇게 기술적으로 화려한 작품들이 주목을 받는 편이었다. 리나는 다시 불안해졌지만, 천천히 심호흡하며 자세를 가다듬었다.

"참가 번호 33번. 방리나. 〈코펠리아〉 1막 중 스와닐다."

음악이 흐르고, 리나는 가볍게 첫걸음을 내디뎠다. 첫 번째 피루엣을 더블로 가볍게 돌며 리나는 관객석을 향해 환하게 웃어 보였다. 리나는 포기하지 않고 연습해 온 자신, 발레부를 함께 만들어 준 친구들, 백화란 선생을 향한 감사와 기쁨을 담아 춤을 췄다. 그리고 리나는 그 모든 환희를 상상의 탑 위에 앉아 있는 나기를 향해 쏘아 올렸다.

'이 순간은 꿈일까? 아니, 이건 마법이야. 기적이야! 나기야, 어서 내려와. 지금 내려와서 나와 춤추지 않는다면, 넌 이 순간을 계속 후회할 거야!'

주말이 지나고, 아지트엔 리나의 은메달이 전시되었다.

"하아아…."

리나는 토론실 책상에 엎드려 한숨을 쉬었다. 꿈같았던 콩쿠르가 끝나고 남은 것은 중간고사라는 잔혹한 현실이었다.

"발레만 하고 살 순 없는 걸까…?"

"언젠가는 그럴 수도 있겠지만 지금은…."

그렇게 말하며 나기는 리나 앞에 공부할 프린트를 깔아 놓았다. 이것은 콩쿠르 기간 전부터 나기가 미리 준비해 놓은 자료들이었다. 리나는 그런 나기의 마음이 고마우면서도 일단은 더 투정을 부리고 싶었다.

"아 싫어~ 공부하기 싫어~"

아이처럼 떼쓰는 리나의 모습에 나기는 피식 웃었다. 평소의 굳센 리나도 좋지만, 이런 모습도 나쁘지 않았다.

"그럼 오늘 하루만 놀까?"

"…정말?"

"응. 뭐 하고 싶어?"

나기의 제안에 퀭했던 리나의 눈이 언제 그랬냐는 듯 반짝거렸다.

두 사람은 돗자리와 간단한 간식을 챙겨 학교 뒷산으로 올라갔다. 얼마 전 지오에게서 산 중턱에 벚꽃을 구경하기 좋은 장소가 있다는 이야기를 들었기 때문이다.

"아- 좋다."

목적지에 도착한 리나는 돗자리 위에 벌렁 누워 벚꽃을 바라봤다. 나기는 잠시 머뭇거리다가 리나와 두 뼘 정도 간격을 두고 나란히 누웠다. 바람에 나무가 흔들리며 햇살이 눈을 간지럽히다 꽃잎 뒤에 숨기를 반복했다.

말없이 누워 하늘을 보던 도중, 나기의 손끝에 리나의 손끝이 닿았다. 나기는 조심스럽게 리나의 손 밑에 자신의 손을 괴었다. 리나는 놀라는 기색 없이 나기의 손을 맞잡았다. 잠시 후, 두 사람은 자연스럽게 손 깍지를 꼈다. 촘촘히 얽힌 손마디 사이사이로 서로의 심장 박동이 전해지는 것 같았다. 나기는 리나를 돌아봤다. 서로의 모습이 눈동자 속에 선명하게 비쳤다. 깍지 낀 손에 땀이 촉촉이 배어 나왔다. 귓가에 울리던 심장 소리가 점점 더 크게 들렸다. 두 사람의 눈동자가 아주 조금씩 가까워지기 시작했다.

"여! 너희도 꽃구경 왔구나?"

갑작스럽게 들려온 지오의 목소리에 나기와 리나는 전기에 감전된 듯 후다닥 자리에서 일어나 앉았다. 두 사람 사이에 공간이 생기자, 지오는 자연스럽게 그곳에 자리를 잡고 앉았다. 나기가 벌렁거리는 가슴을 진정시키며 지오에게 물었다.

"어, 어쩐 일이야?"

"나야 비만 안 내리면 여기 거의 매일 오지."

지오는 익숙한 손놀림으로 가지고 온 짐을 푼 뒤, 보온병에서 쌍화차를 컵에 따라 마셨다.

"크으– 좋다. 너희도 한 잔씩 줄까?"

리나와 나기는 고개를 저었다. 리나는 지오의 엉덩이에 연속으로 발차기를 날리는 상상을 했다. 나기는 지수에게 주먹을 날렸던 때의 감각을 떠올렸다.

"어우, 갑자기 왜 이렇게 쌀쌀하냐."

지오는 후루룩 소리가 나게 차를 한 모금 마시며 서늘한 기운을 털어 냈다. 봄이었다.

은밀한 거래

며칠이 지나고, 중간고사 2일째가 끝났다. 인성은 궁지에 몰린 기분이었다. 시험 결과는 나쁘지 않았지만, 태한이 몇 점 앞서고 있는 게 문제였다. 인성은 50만 원짜리 내기에서 지는 것보다 자신의 평판이 땅에 떨어지는 게 더 두려웠다. 소문이란 좋은 쪽으로든 나쁜 쪽으로든 부풀려지기 마련이다. 특히 학기 초에 얕잡아 보인 쪽은 전교 공인 찐따가 되고, 한번 기를 세운 쪽은 쉽게 건드릴 수 없는 존재가 된다. 만약 자신이 이번 시험에서 전교 2등을 한다 해도 태한에게 진다면 졸업 때까지 '1등에게 주제 모르고 깝치다가 참교육 당한 2등'으로 기억될 것이다. 그런 상황만은 피해야 했다.

인성은 태한의 룸메이트가 없을 시간을 노려 그의 방으로 찾아갔다. 태한은 인성의 갑작스러운 방문에 인상을 찌푸렸다.

"…뭔데?"

"내일 아무 과목이나 80점 밑으로 깔아 줘. 100만 원 줄게."

"100만 원은 무슨…. 구라도 적당히 쳐야지."

다리를 꼬고 앉아 있던 태한은 코웃음을 쳤다. 하지만 인성의 품에서 나온 지폐 다발을 보고 표정이 굳어졌다.

다음 날, 4과목 남은 시험에서 태한은 3과목 연속 100점을 맞고 남은 한 과목은 75점을 맞았다. 인성은 태한이 먹튀를 하는 건 아닐까 하는 걱정과 중압감에 두 문제를 더 실수했지만, 최종 결과는 인성의 승리였다. 태한은 자리에서 일어나 지갑에서 50만 원을 꺼내 인성의 책상 위에 올려놓았다. 이 또한 인성이 미리 준비해 준 것이었다.

"아깝네. 벼락치기하다가 4교시 때 졸았어."

"…쿨 거래 감사요."

인성은 애써 태연한 표정을 지었지만 등엔 식은땀이 흐르고 있었다. 인성이 태한에게 받은 지폐를 높이 들고 외쳤다.

"매점 갈 사람! 내가 쏜다!"

"와아아!"

교실은 한순간에 축제 분위기로 변했다. 인성은 피리 부는 사나이처럼 아이들을 끌고 매점으로 향했다. 결과적으로 태한은 통 큰 천재 이미지를 얻었고 인성은 전교 1등의 이미지를 굳혔으니, 대외적으론 윈-윈이라고 볼 수 있었다.

시험 기간이 끝나자, 한동안 멈춰 있던 프로젝트 가디언즈의 카운트가 올라가기 시작했다. 900점이 모이자 알림과 함께 새로운 미션이 공개되었다.

MISSION 4 **포스가 함께하길(May the Force be with you)**

a. 화생관 102호에서 광선검을 찾으세요.
b. 화생관 메인홀에서 광선검을 높이 들어 빛나게 하세요.

4번 미션을 확인한 나기와 지오, 금슬은 부리나케 모여 화성관으로 향했다. 102호엔 '비품 창고'라는 간판이 있었다. 창고에 들어간 세 사람은 먼저 와 있던 인자와 마주쳤다.

"…여."

"여."

인자와 나기는 서로 어색하게 손을 들어 인사했다. 살가운 사이는 아니지만, 서로를 무시하고 지나칠 수도 없던 두 사람은 우연히 마주칠 때마다 '썹'이나 '여' 같은 의미 모를 단어로 인사를 대신했다. 두 사람의 어색한 인사는 어쩐지 아이들 사이에서 유행해서 최근엔 비슷한 방식으로 인사하는 아이들을 종종 볼 수 있었다.

비품 창고 선반에 쌓여 있는 물품과 바구니들을 둘러보며 나기가 인자에게 물었다.

"뭐 좀 찾았어?"

"아니, 나도 방금 왔어."

나기는 고개를 끄덕이고 친구들과 선반에 놓인 물건들을 뒤적였다. 바구니엔 만국기, 밧줄, 형광등, 공기 펌프 등 학교에서 간혹 쓸 것 같은 물품들이 잔뜩 들어 있었다. 물품들을 한번씩 확인한 인자가 한숨을 쉬며 말했다.

"이거다 싶은 건 없는데. 일단 난 손전등에 한 표."

인자는 선반 위에 놓인 손전등을 들어 보였다. 지오는 인자의 추리가 설득력이 있다고 생각했다. 금슬은 아래쪽 선반에서 빨간색 막대기를 들어 보였다.

"난 이거."

"그게 뭐야?"

"불꽃 신호기. 이 끝에 불을 붙이면 불꽃이 나와. 아빠가 전에 쓰는 걸 봤거든."

지오는 막대 끝에서 불꽃이 뿜어져 나오는 모습을 상상하며 금슬의 말도 일리가 있다고 생각했다. 그때 나기가 종이 상자 안에서 볼펜 모양의 물건을 꺼내 보였다.

"다들 이거 봤어? 레이저 포인터야."

레이저 포인터의 등장에 순간 분위기가 술렁였다. 금슬과 인자는 고민에 빠졌다. 세 사람이 머리를 맞대고 고민하고 있을 때 지오가 손전등, 불꽃 신호기, 레이저 포인터를 손에 들고 물었다.

"그냥 하나씩 다 가져가면 안 돼?"

"…."

네 사람은 비품을 바리바리 들고 화성관 메인홀로 향했다. 1층에 있는 메인홀은 건물 중앙에 있는 커다란 오픈 구조 공간이었다. 3층 천장에 있는 채광창까지 막힘없이 트여 있는 공간은 백화점에라도 온 것 같은 기분이 들게 했다. 메인홀이 가까워질 무렵, 낯선 구조물이 네 사람의 시선을 사로잡았다. 인자가 물었다.

"여기에 원래 저런 게 있었나?"

"아니."

나기는 고개를 저었다. 메인홀 가운데엔 8개의 철근에 둘러

싸인 거대한 못 같은 구조물이 서 있었다. 높이가 3m는 넘을 듯한 철근엔 두꺼운 철사가 울타리처럼 연결되어 있었다. 가까이 다가가 보니, 못의 머리처럼 보였던 부분은 도넛 모양이었다. 못의 기둥 부분은 전봇대만 한 두께였고, 높이는 주위의 철근과 비슷했다.

"이거 설마…?"

인자와 나기가 서로를 동시에 바라봤다. 바로 다음 순간, 구조물 앞에 있는 액정에 60초 카운트가 시작되었다.

"뭔데 이게?!"

금슬은 인자와 나기에게 물었지만, 두 사람은 이미 창고 쪽으로 달려가고 있었다. 금슬과 지오가 갈팡질팡하고 있을 때, 나기와 인자가 양손에 형광등을 몽둥이처럼 들고 뛰어왔다.

"이거 받아!"

카운트는 어느새 5초를 남겨 놓고 있었다. 나기와 인자는 철근과 조금 떨어진 곳에서 형광등을 높게 들어 보였다. 형광등을 건네받은 금슬과 지오도 두 사람의 행동을 따라 했다.

'빠직- 빠지지지지직- 빠지직-!'

카운트가 0이 되는 순간, 주변의 불이 꺼지며 기묘한 소음과 함께 중심에 있는 도넛에서 철근 쪽으로 스파크가 일어났다. 불규칙하게 꿈틀거리며 사방으로 뻗어 나가는 스파크는 번개를 축소해 놓은 듯한 모양이었다. 곧 네 사람이 들고 있는 형광등이 하얗게 빛났다. 아무것도 연결되지 않은 형광등이 빛나는 모습을 보며 지오는 자신의 눈을 의심했다. 잠시 후, 방전이 멈추고 실내에 불이 다시 켜졌다. 금슬이 말했다.

"이건… 테슬라 코일?"

"맞아."

인자와 나기가 고개를 끄덕였다. 금슬은 교류 전기의 변압 과정을 떠올렸다. 고리 모양 철심에 2개의 코일을 감고 한쪽 코일에 교류 전원을 연결하면 상호 유도 작용에 의해 반대편 코일에도 전기가 흐르게 된다. 이때 양쪽 코일에 전선을 감은 횟수의 비율에 따라 전압이 증가하거나 감소하는데, 이 성질을 이용한 장치가 변압기다.

같은 전력을 송전할 때 전압을 2배로 올리면 전류는 절반으로 줄어들고($P=VI$), 전선에 흐르는 전류가 절반으로 줄어들면 저항으로 인해 발생하는 전위차도 절반으로 줄어든다($\Delta V_{전선} =IR_{전선}$). 송전 손실은 전선에 걸린 전위차와 전선에 흐르는 전류의 곱($P_{손실}=\Delta V_{전선}I$)이므로, 송전 전압을 2배 올릴 때마다 송전 손실은 4분의 1로 줄어들게 된다. 이 때문에 장거리 송전엔 수십만 볼트로 승압한 교류를 사용하는 것이다.

테슬라 코일은 2개의 코일에 축전기를 더해 고전압을 만들어

내는 장치였다. 이 정도 크기라면 흔히 쓰는 220V의 전기도 수백만 볼트로 만들 수 있을 것이다. 전압이 계속해서 증가하면 어느 순간 전기가 흐르지 않던 부도체를 통해 전기가 흐르는 절연 파괴가 일어난다. 방금 공기 중에 스파크가 나타난 것도 절연 파괴의 일종이었다.

"그런데 왜 형광등이 빛나는 거야?"

"급격하게 변하는 전기장 때문에 형광등 안에 있는 가스도 전기적으로 활성화된 거야. 전자가 방출한 자외선이 형광 물질과 만나 빛을 내는 거지."

지오의 물음에 나기가 답했다. 원리적으론 알고 있어도 이 현상이 신기한 건 나기도 마찬가지였다.

"다들 미션은 깼지?"

인자가 아이들을 돌아보며 말했다. 나기와 금슬이 고개를 끄덕이는 가운데 지오만이 고개를 저었다.

"나는 실패했어. 아까 철사를 만진 게 실수였나 봐."

지오는 빨갛게 변한 핸드폰 화면을 들어 보였다. 화면엔 철조망에 손을 대고 있는 지오의 모습과 함께 '당신은 감전으로 사망했습니다. 부활까지 95:43:31'이라는 메시지가 떠 있었다. 지오는 나기와 인자가 자리를 비웠을 때 구조물을 살펴보기 위해 철조망에 손을 댔다. 나기는 지오의 실패가 안타까웠지만, 나름의 안전 장치가 있다는 사실에 안심했다. 미션을 클리어한 세 사람에게 새로운 게임 메시지가 도착했다.

> **Tip!**
> 가디언즈 포인트는 학교 매점에서 바로 사용 가능합니다.

나기는 새로운 발견에 쾌재를 불렀다. 이 정보를 잘 활용하면 새로운 미션의 공개 시기를 앞당길 수 있을 것 같았다.

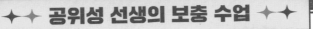

· 전기란 무엇일까? ·

초여름의 어느 날 과학 시간, 공위성 선생은 굵은 비가 내리는 창밖을 보고 있었다.

'오늘은 무슨 이야기를 할까. 구름? 비? 계절?'

바로 그때, 번갯불에 그의 시야가 일순 하얗게 번뜩였다. 2초 정도 시간이 흐르고 '쿠르릉-' 하는 소리가 교실을 울리고 지나갔다. 소리의 속도가 초속 340m니, 700m쯤 떨어진 곳에서 번개가 친 모양이었다.

"번개는 전기다."

그 한마디로 수업이 시작되었다.

"번개가 전기란 걸 밝힌 사람은 벤저민 프랭클린이다. 그가 이 사실을 증명한 방법은 단순하다. 비 오는 날 먹구름 근처까지 연을 날린 것이지. 참고로 이와 비슷한 실험을 진행했던 물리학자 게오르그 리히만은 번개에 맞아 죽었다. 절대, 절대, 따라 하지 마라."

공위성 선생은 느린 걸음으로 교실을 한 바퀴 돌며 이야기를 이어 갔다.

"지금 교실을 밝히는 전등과 여러분이 가진 스마트폰 모두 전기로 작동하는 물건들이다. 2차 산업혁명 이후, 전기는 우리 생활에서 떼어 놓을 수 없는 일부분이 되었다. 그럼 이 전기는 어디서 왔을까?"

"발전소요!"

아이들이 대답했다. 전자의 움직임이나 에너지 반응의 관점에서 전기를 말하려던 공위성은 잠시 생각한 뒤 이야기의 방향성을 바꾸기로 했다.

"그것도 하나의 답이 될 수 있겠군. 그럼 발전소엔 어떤 것들이 있을까?"

아이들은 화력, 수력, 풍력, 원자력 발전소 등의 답을 내놓았고, 공위성 선생은 그 답들을 칠판 한쪽에 적었다.

"화력 발전소는 어떻게 전기를 만들지?"

"화석 연료로 물을 끓여서 그 증기로 발전기를 돌립니다!"

몇몇 아이가 답했다. 공위성 선생은 이어진 답변을 필기 옆에 간략히 요약했다.

화력 : 화석 연료 → 열 → 증기 생산 → 발전기
수력 : 물의 위치 에너지 → 운동 에너지 → 발전기
풍력 : 바람 → 발전기

"그럼 원자력 발전은 어떻게 작동할까?"

활발하게 이어지던 답변이 일순간 멈췄다. 원자력이 우라늄 같은 핵 원료를 사용한다는 건 알고 있었지만, 거기서 전기가 어떻게 생산되는지는 설명하기 힘든 간극이 있었다.

"핵 연료의 분열 과정에서 나온 열로 물을 끓여 발전기를 돌립니다."

잠시의 침묵 끝에 인자가 답했다.

"정답이다. 이렇듯, 대부분의 발전 과정은 운동 에너지로 발전기를 돌려서 전기를 생산한다. 그렇다면, 발전기를 돌리지 않고 전기를 생산하는 방법엔 어떤 것들이 있을까?"

"태양열 발전이요!"

이번엔 다른 쪽에서 즉답이 나왔지만, 공위성 선생은 고개를 저었다.

"태양열 발전은 태양 빛의 열에너지로 물을 끓여서 발전기를 돌리는 방식이다. 다른 답변?"

"태양광 발전입니다."

다시 인자가 답했다.

"정답이다. 태양광 발전은 태양의 빛에너지로 반도체 내부에서 전자 이동을 일으켜 전기를 생산한다. 이 과정을 '광기전 효과'라고 한다."

공위성 선생은 아이들 사이를 걷다가 인자의 옆을 지나칠 때 그의 어깨를 가볍게 두드리고 갔다. 그 가벼운 진동에, 불쑥 인자의 마음속에 있던 질문 하나가 튀어나왔다.

"선생님, 전기란 무엇인가요?"

인자가 수업 시간에 질문을 한 건 이번이 처음이었다. 그는 모르는 게 있으면 악착같이 찾아봤지만, 누구에게도 그것을 드러내고 싶어 하지 않았다.

"…전기는, 얕은 단계에서 설명하면 도선 속을 움직이는 전하의 흐름이다. 하지만 조금 더 들어가면 빛 또한 전자기파의 일종이며, 자기장 또한 전기와 떼어 놓을 수 없는 관계임을 알게 된다. 그래서 전기에 대한 정의는, 전하가 존재함으로써 생기는 모든 물리 현상으로 확장된다. 그럼 남은 시간 동안 전자기력의 역사에 대해 이야기해 보자."

고대 이집트 시대의 기록에서 시작한 공위성 선생의 이야기는 어느덧 18세기의 과학자 마이클 패러데이까지 이어졌다. 패러데이는 정규 교육을 받지 못했지만, 제본소에서 일하며 접한 논문과 책을 바탕으로 지식을 쌓아 세계적 과학자가 된 전설적인 인물이었다.

"패러데이는 전기와 자기의 현상을 설명하기 위해 장(field)이라는 개념을 처음으로 도입했다. 그는 이 개념을 바탕으로 빛도 전자기파의 일종이라는 가설에 도달하는데, 그의 주장은 모두에게 비웃음을 샀다."

패러데이의 외로운 싸움에 관한 이야기에 아이들은 모두 숨을 죽였다. 새로운 패러다임이 자리 잡기까지의 진통을 이토록 자세히 들은 건 처음이었다.

"마침내 영국의 물리학자 제임스 맥스웰이 패러데이의 이론을 수학적으로 증명하면서, 판도는 완전히 뒤집힌다. 맥스웰은 전기와 자기를 이어 주는 매개물의 진행 속도가 광속과 같음을 증명하고, 전자기학의 핵심 방정식이라 할 수 있는 '맥스웰 방정식'을 제시한다. 이 식들은 너무나 간결하고 명쾌해서 오스트리아의 물리학자 루트비히 볼츠만은 '이 식을 쓴 건 신인가?' 하고 감탄했다고 한다. 패러데이의 오랜 싸움이 마침내 결실을 거둔 순간이었다."

두 천재 과학자의 협력이 인류 지식의 진일보로 이어진 이야기를 들으며 인자는 가슴이 먹먹해지는 감동을 느꼈다. 인자는 문득 나기를 떠올렸지만, 낯간지러운 기분에 콧바람을 뿜어 그의 얼굴을 지웠다.

등잔밑

　며칠 후, 태한은 기숙사에서 두근거리는 마음으로 택배 상자를 열었다. 한정판 운동화 등을 거래하는 리셀 사이트에서 처음으로 구매한 운동화였다. 태한은 이 운동화 시리즈가 나올 때마다 열심히 응모했지만 한 번도 당첨된 적이 없었다. 리셀 사이트 내 거래 가격은 발매 가격의 몇 배나 되었기에 도저히 살 수 없었지만, 이번엔 인성에게 받은 돈이 있었다.

　"…"

　운동화를 손에 든 태한은 복잡미묘한 기분이었다. 이 운동화는 태한이 평소 신고 다니는 '아이오나이즈' 시리즈의 한정판으로, 배색이 다른 게 특징이었다. 사진으로 봤을 땐 정말 비교도 할 수 없을 만큼 예쁘다고 생각했는데, 막상 실물을 보니 정말 색깔만 달랐다. 태한의 운동화는 11만 원이었고, 이번에 산 신발은 67만 원이었다. 과연 이 색깔이 6배의 돈을 낼 가치가 있는지 갑자기 회의감이 들었다.

'내일 한 번만 신고 다시 팔자.'

태한은 운동화 박스를 잘 챙겨 두고 잠이 들었다.

다음 날, 시큰둥하게 등교했던 태한의 기분은 운동화 마니아의 등장으로 180° 달라졌다.

"야, 이거 아이오나이즈 한정판 아냐? 맞지?"

"어."

"와, 색깔 봐! 쩐다! 당첨이야?"

"리셀이지."

"리셀? 요즘 거래 가격 80만 원도 넘지 않아?"

"뭐, 그쯤."

"와 씨, 쩐다! 와, 부럽다! 아 진짜 개 예쁘다!"

주변에 다 들리도록 호들갑을 떠는 그의 목소리에 아이들의 시선은 단숨에 태한의 운동화로 쏠렸다. 점심시간 무렵엔 복도를 걸을 때 운동화를 힐끗 쳐다보는 시선을 느낄 수 있었다. 태한은 어깨가 2배쯤 넓어진 기분이었다.

'신어 본 적이 없으니 이 맛을 몰랐지.'

태한은 재판매를 생각했던 어제의 자신을 비웃었다.

마지막 시간은 특별활동이었다. 운동화가 마룻바닥에 비벼지는 소리가 날 때마다 태한은 날을 잘못 잡았다는 생각이 들었다. 오늘 춤을 추는 것만으로 운동화 바닥이 2mm쯤 닳는 것은 아닐까 하는 불안감에 그의 동작이 움츠러들었다. 쉬는 시간에 미로가 그에게 물었다.

"오늘 왜 그래? 몸이 안 좋아?"

"아니, 운동화가….."

"새 운동화구나? 발이 안 맞아서?"

태한은 미로가 운동화를 알아보거나 소문이라도 들었길 기대했지만, 아무래도 둘 다 해당 사항은 없는 것 같았다. 태한은 운동화 가격을 말할까 하다가 표현을 아꼈다.

"한정판이라 긁히는 게 싫어서."

"그런데 왜 오늘 그걸 신고 왔어?"

미로의 물음에 태한은 말문이 막혔다. 교실에서 허세란 허세는 다 부려 놓고 신발 바닥을 걱정하는 자신이 보잘것없게 느껴지기도 했다. 고민하던 태한은 가장 무난해 보이는 변명을 택했다.

"특활 있는 날인 걸 깜빡했어."

"흐음… 그랬구나. 난 특활 있는 날만 기다리는데."

미로는 흥미를 잃은 듯 핸드폰 화면으로 눈을 돌렸다. 태한은 비싼 운동화를 신는 걸로 미로의 환심을 살 수 없다는 걸 깨달았다. 미로의 눈을 반짝이게 하는 건 좀 다른 거였다. 예를 들면, '물에 살지만 물을 거부하는 나를 찾아라'의 답 같은 것 말이다.

특별활동이 끝난 시각, 지오는 미도와 함께 매점으로 향했다. 지오가 남아도는 가디언즈 포인트로 간식을 사 주겠다고 큰소리를 쳤기 때문이다. 미도와 이야기를 하다 보면, 지오는 자꾸만 허풍을 떨게 되었다. 어떨 때는 금슬이 찾은 단서가 자신이 찾은 것이 되었고, 어떨 때는 나기의 아이디어가 자기 것이 되기도 했다. 지오는 미도가 자신에게 가지고 있는 환상이 점점 더 커지는 게 불안했지만, 지금 그녀와 자신을 이어 주는 건 그 환상뿐이라는 생각에 허풍을 멈출 수가 없었다. 지오가 해 주는 이야기에 빠져 학교의 비밀을 풀기 시작한 미도는 지오에게 물었다.

"'물에 살지만 물을 거부하는 나를 찾아라'라는 문제를 풀고 있는데, 완전 꽉 막힌 것 같아요. 오빠는 이게 뭘 거 같아요?"

"떠오르는 건 있지만, 이건 직접 푸는 게 재미지. 다양한 방면으로 생각해 봐. 물고기라거나, 수생 식물이라거나…."

"물을 거부하는 수생 식물… 부레옥잠? 맞아요?"

부레옥잠은 공처럼 둥근 잎자루에 공기가 들어 있어 물에 뜨는 식물이었다. 그 부력은 생각보다 대단해서 방글라데시 등지에선 부레옥잠을 수상 농업에 활용하기도 했다. 지오는 미도의 아이디어가 무척 괜찮다고 생각했지만, 다른 가능성에 대한 여지를 남겨 둘 필요도 있다고 생각했다. 지오는 그럴 때마다 선문답 같은 느낌으로 맞장구를 쳤다.

"그것도 좋은 생각이네."

"아닌가? 또 다른 게 있어요?"

"부레옥잠도 충분히 좋은 아이디어니까 천천히 생각해 봐. 물을 거부하는 건 또 어떤 게 있을까?"

"연꽃! 연잎은 물에 안 젖잖아요!"

지오는 기막힌 아이디어라고 생각하면서도 태연한 얼굴로 고개를 끄덕였다. 연잎 표면엔 수 마이크로미터 크기의 혹이 빽빽이 돋아 있어서 물방울을 튕겨 내는 효과가 있다. 실제로 연잎 위에 물방울을 올리면 구슬처럼 구르다 밖으로 떨어지는 것을 볼 수 있다. 연잎의 발수 효과는 섬유와 페인트 같은 소재 분야에서 적극적으로 연구되는 대상이었다.

"와, 그것도 좋은 생각이다."

"헤헤, 근데 학교에서 연꽃은 못 본 것 같은데… 어디 있을까요?"

"힌트를 찾을 땐 때론 작게, 때론 크게 보는 시야가 중요해. 무엇보다 중요한 건 등잔 밑이 어둡다는 걸 잊지 않는 거지."

지오는 적당히 두루뭉술한 이야기로 시간을 끌었다. 나중에 부레옥잠이나 연꽃, 소금쟁이 따위를 발견하면 미도에게 알려 줄 생각이었다. 미도는 반짝이는 눈으로 지오를 바라보며 그의 말을 곱씹었다.

'등잔 밑이 어둡다.'

미도는 발끝을 내려다봤다. 구멍이 많이 뚫려 있는 맨홀 뚜껑이 눈에 들어왔다. 그 모습이 연꽃 가운데 있는 연밥과 비슷해 보였다.

"오빠, 이 뚜껑…."

바로 다음 순간, 미도는 맨홀을 둘러싼 타일에 새겨진 꽃잎 무늬를 발견했다. 겹겹이 싸인 꽃잎은 분명 연꽃 모양이었다. 미도는 거대한 연꽃 무늬 가운데 서 있었다.

"왜, 뭐라도 찾았어?"

'어쩜….'

천연덕스럽게 자신을 돌아보는 지오를 보며, 미도의 마음은 그에 대한 존경심으로 가득 찼다. 고작 한 살 차이인데 어쩜 이렇게 어른스러울까? 미도는 감탄 또 감탄했다.

의식

　월요일 점심시간, 식당에서 밥을 먹는 동안에도 나기는 한숨을 푹푹 내쉬었다. 가디언즈 포인트를 매점에서 쓸 수 있다는 게 알려지면 참여가 폭발적으로 증가할 줄 알았는데, 결과는 기대에 못 미쳤기 때문이다. 금슬이 나기에게 말했다.

　"이제 새롭게 시작해 봐야 한 문제에 100포인트니 관심을 끌기엔 부족하지. 문화상품권으로 바꿀 수 있다는 정보는 진작부터 돌았으니까, 매점에서 쓸 수 있다고 해 봤자 남은 포인트 터는 용도밖엔 안 될걸?"

　금슬의 추리를 뒷받침하듯 과학특성화중학교 매점은 전례 없는 호황을 맞고 있었다. 나기가 금슬에게 물었다.

　"왜 이렇게 참여하는 사람이 적은 거지?"

　나기는 두 손으로 머리를 감싸 쥐었다. 프로젝트 가디언즈에 나오는 문제들은 하나같이 참신하고 흥미로운 것들이었다. 이 문제를 이어서 풀 수 없다는 게 나기는 무엇보다 답답했다. 그런 나기의 모습을 보며 금슬은 속으로 한숨을 쉬었다.

'너나 인자가 1등을 할 게 뻔하니까 그렇지.'

지오네 반 5교시는 과학 시간이었다.

"지구 온난화나 기후 위기에 대해서 수없이 들어 봤을 것이다. 하지만 정확히 무슨 일이 벌어지고 있고, 어떤 결과가 기다리고 있는지 대부분의 사람은 관심이 없다. 내 집도 못 사는 마당에 북극곰 집까지 걱정해 줄 여유가 없기 때문이다."

공위성 선생의 비유에 아이들은 소리 없이 웃었다.

"하지만 기후 위기는 착실하게 다가오고 있다. 인간의 산업 활동 규모는 지구의 자정 능력을 아득히 뛰어넘었다. 대표적인 게 화석 연료 사용이다. 세계적으로 하루에 약 9500만bbl(배럴)의 석유가 사용된다. 1bbl의 배럴은 약 160L짜리 드럼통을 말한다. 제조업과 건설에 쓰이는 20%를 제외한 나머지는 연료로 사용된다. 1년이면 약 40억t에 해당하는 양이다. 여러분은 이게 어느 정도의 양인지 상상할 수 있나?"

지오는 도로에서 가끔 보이는 16t짜리 유조차를 떠올렸다. 40억t은 유조차가 1000대 있어도 25만 번을 옮겨야 하는 양이었다. 지오는 그 양을 상상하는 것만으로 소름이 돋았다.

"이 같은 추세가 계속되면, 지구는 생각보다 빠르고 확실하게 인류가 살 수 없는 곳으로 변한다. 지구 온난화로 해수 온도가 상승하면 해수의 이산화탄소 흡수 능력이 떨어져 더 빠른 온난화로 이어지는 악순환이 일어난다. 이런 사태를 막기 위해 이산화탄소 농도를 낮추기로 했을 때, 어느 정도 규모의 일이 필요한지 여러분의 상상에 맡기겠다."

지구 온난화를 막기 위해선 에너지를 절약하고 나무를 심으면 된다 정도로 생각하던 아이들은 마른침을 삼켰다.

"어느 날 갑자기 운석이 떨어지거나 화산이 폭발하는 것만이 재난이 아니다. 우리가 벌여 놓은 일의 결과를 수습할 수 없게 되는 것 또한 재난이다. 이런 상황을 빗대어 '냄비 속의 개구리'라고 표현하는데, 개구리조차 물이 점점 뜨거워지면 몸의 이상을 느끼고 밖으로 나온다."

"정말인가요?!"

물 안에 개구리를 넣고 아주 천천히 온도를 올리면 변온 동물인 개구리는 그 변화를 느끼지 못해 어느 순간 죽는다는 속설을 익히 들어 왔던 아이들이 되물었다.

"그렇다. 내가 직접 해 봤다."

의외의 답변에 아이들이 웃음을 터트렸다. 심각하던 교실 분위기가 조금은 누그러졌다.

"개구리가 탈출하려면, 탈출구가 있어야 한다. 인류가 지금과 같은 삶의 방식을 포기하지 않는 한, 남아 있는 탈출구는 신재생에너지나 핵융합 정도일 것이다. 핵융합 같은 기술이 구현되려면 몇 명의 천재, 수백 명의 숙련된 과학자, 수천 명의 기술자, 그리고 그 비용을 분담할 수억 명의 사회 구성원이 필요하다. 과학 기술이 첨단화될수록 이 피라미드는 점점 더 거대해지고, 뾰족한 형태가 되고 있다."

지오는 나기나 인자를 떠올렸다. 그 두 사람은 이 피라미드의 첫 번째 층이나 두 번째 층에 올라갈 것 같았다.

'그럼, 나는?'

지오는 필기에 어울리지 않는 의문문을 썼다가 지우개로 지웠다.

5번 미션에 필요한 점수 1400점이 달성된 건 5월이 되어서였다. 지오, 금슬, 리나와 미션 장소로 향하는 나기가 불안한 표정으로 리나에게 물었다.

"위험할지도 모르는데, 꼭 같이 가고 싶어?"

"응. 이제 콩쿠르도 끝났고, 테슬라 코일을 못 본 것도 너무 아쉽단 말이야."

"…그럼 어쩔 수 없지."

나기는 부지런히 걸음을 옮기다 다시 한번 한숨을 쉬었다.

"그렇게 걱정돼?"

"아, 아냐. 이건 그냥 전체 미션이 몇 개일지 신경 쓰여서."

"왜?"

"4번 미션에 필요한 점수가 900점, 5번 미션에 필요한 점수가 1400점이었잖아. 지금 같은 추세라면 방학식까지 2000점을 간신히 넘을 것 같아. 앞으로도 새로운 미션에 500점 정도가 필요하다고 가정하면, 우리가 도전할 수 있는 건 다음 미션이 마지막일 것 같아. 그게 끝이 아니라면 이번 학기에 비밀을 푸는 건 불가능하고."

나기는 이런 식으로 문제를 설계한 출제자의 의도를 이해할 수 없었다. 자신이 열심히 문제를 풀어도 다른 학생들이 관심을 가지지 않으면 앞으로 나아갈 수 없다. 나기는 이 상황이 무척이나 불합리하다고 생각했다. 리나는 나기를 위로했다.

"뭐, 꼭 이번 학기에 풀어야 한다고 정해진 것도 아니잖아?"

"그럴 수도 있지만…."

'당장 2주 뒤 운동회 날이 축제의 날일 수도 있어.'

나기는 속으로만 생각했다. 이 가설은 어디까지나 근거 없는 자신의 생각에 불과했다.

미션 장소엔 가슴 높이 정도 되는 벽이 있었다. 벽 안쪽엔 10cm 간격으로 눈금이 그려진 바닥이 있었고, 4m 지점에 투명한 벽이 있었다. 투명한 벽의 바닥 근처엔 붉은 테이프로 된 손바닥보다 작은 사각형이 있었고, 사각형 가운데엔 구멍이 있었다. 구멍 뒤쪽엔 플라스틱 병 하나가 놓여 있었다. 곧 각자의 핸드폰에 알람과 함께 미션 설명창이 떴다.

MISSION 5 바늘구멍 통과하기

a. 수평으로 원판을 발사해 구멍을 통과하세요.
b. 발사 속도를 입력하세요. : __.__ m/s

설명창엔 발사 조건에 대한 모식도도 포함되어 있었다. 발사구에서 구멍까지의 수평 거리는 4m, 낙하 높이는 122cm였다. 지오가 코웃음을 쳤다.

"포물선 운동이잖아? 이건 껌이네."

지오가 핸드폰 계산기 기능으로 값을 구하는 동안 리나가 나기에게 물었다.

"이 문제는 어떻게 푸는 거야?"

"수평 방향으로 발사된 물체는 수직 방향 밑으로 떨어지는 자유 낙하 운동과 수평 방향의 등속도 운동을 동시에 하게 돼. 이 문제 같은 경우 122cm 떨어지는 데 걸리는 시간을 구하고, 그 시간 동안 4m를 날아가도록 수평 속도를 입력하면 문제가 풀릴 거야."

"아하."

리나는 수업 시간에 배운 자유 낙하에 대해 떠올렸다. 지구 상에 있는 모든 물체는 중력의 영향을 받는다. 공중에 놓은 물체는 지구 중심 방향으로 낙하하고, 공기 저항이 없다면 1초에 약 9.8m/s씩 속도가 증가한다. 이 $9.8m/s^2$ 가속도를 중력 가속도 g라고 한다. 자유 낙하 운동을 속도-시간 그래프에 그리면 원점에서 출발하는 기울기 g의 직선이 나온다. 속도-시간 그래 프에선 아래 면적이 이동 거리가 되므로, 시간 t일 때 낙하 거리는 $\frac{1}{2}gt^2$이 된다. 현재 낙하 거리가 1.22m로 주어졌으니, 반대로 거리를 이용해 시간을 구할 수도 있을 것이다.

"좋아, 낙하 시간은 0.5초야. 0.5초 동안 4m를 진행해야 하니 수평 속도는 8m/s겠네!"

계산을 마친 지오가 핸드폰에 숫자를 입력했다. 지오가 확인 버튼을 누르기 직전, 나기가 그를 멈췄다.

"잠깐, 뭔가 이상해."

"뭐가?"

"지금까지 미션은 전부 실험 사고를 연상시키는 함정이 섞여 있었어. 하지만 이번엔 그런 함정이 보이지 않아."

"그럼 그냥 하면 되는 거 아냐?"

나기는 고개를 저었다.

'화학 반응, 유독 물질, 감전, 누출… 남은 가능성은 뭐가 있을까?'

나기가 생각에 잠겨 있는 동안 지오는 주변을 살펴봤다. 딱히 위험할 만한 요소는 보이지 않았다. 구멍 뒤에 있는 건 플라스틱 병 하나뿐이고, 뚜껑은 닫혀 있는데다 속은 텅 비어 보였다. 다른 특징이라고 할 만한 건 병에 붙어 있는 탁구공 크기만 한 노란색 삼각형 스티커였다. 스티커엔 병 모양의 그림이 인쇄되어 있었다. 상황이 이쯤 되자, 지오는 묘한 오기가 생겼다.

"불안하면 나중에 혼자 하든가. 난 이대로 할래."

나기와 지오 사이에 팽팽한 긴장감이 감도는 가운데 금슬이 혼잣말처럼 물었다.

"그런데 저거… 무슨 경고 표시 아닌가? 노란색 바탕에 검정색 그림이면."

나기는 금슬의 말에 화들짝 놀라 앞머리를 옆으로 치우고 병을 자세히 들여다봤다.

"저게 뭐지? 사인펜?"

"병 모양 아냐?"

"쭈쭈바같이 생겼다."

아이들은 저마다 그림에 대한 의견을 내놓았다. 잠시 고민하던 나기는 '실험실 안전 표지'를 검색했다.

"찾았다! 저건 고압가스 주의 표시였어!"

지오가 병이라고 생각하고 무시했던 그림은 가스통을 나타내는 픽토그램이었다. 주변을 두리번거리던 나기는 구석에 놓인 스툴 뚜껑을 들어 올렸다. 과연 사각형 스툴 안엔 귀마개와 고글 세트 10개가 들어 있었다.

모두 보호 장비를 착용한 뒤 지오는 확인 버튼을 눌렀다. 압축 공기가 터지는 소리와 함께 하키 퍽만 한 검은 원반이 벽 안쪽에서 발사되었다. 포물선 궤도를 그리며 날아간 원반은 깔끔하게 구멍을 통과해 플라스틱 병과 부딪혔다.

'빵-!!'

바로 다음 순간, 큰 폭발음과 함께 플라스틱 병이 눈앞에서 사라졌다. 폭발음은 플라스틱 재질의 격벽이 덜커덩하고 흔들릴 정도로 컸다. 영점 몇 초 뒤, 투명한 벽 너머에서 플라스틱 조각들이 흩날리듯 떨어지는 모습이 보였다.

만약 안전 장비를 꺼내지 않고 확인 버튼을 눌렀다면 어떻게 되었을까? 원반이 발사되는 대신 게임에서 사망 판정을 받았거나 폭발음으로 한동안 이명에 시달렸을 것이다.

지오가 자신의 잘못된 판단을 깨닫고 머쓱하니 목 뒤를 긁적이고 있을 때 밖에서 인자가 문을 열고 들어왔다.

"야, 나는 뭔지 보지도 못했는데 통과냐?"

2학년 때도 반장이 된 인자는 운동회 관련 회의에 참석하느라 한발 늦은 상황이었다. 서둘러 복도를 달려오던 인자는 폭발음이 들린 직후 문밖에서 통과 메시지를 받았다. 황당한 표정으로 핸드폰 화면을 들어 보이는 인자의 모습에 나기와 금슬과 리나는 웃음을 터트렸다. 아이들이 웃는 와중에도 지오는 아랫입술을 깨물고 병이 있던 자리를 돌아봤다.

무중량 상태

　며칠 후, 지오는 친구들이 없는 틈을 타 미도를 아지트에 초
대했다. 처음엔 미도에게 아지트 안을 보여 주는 정도였지만,
최근엔 한 시간씩 자리를 잡고 수다를 떨었다. 지오는 냉장고에
서 음료수를 꺼내 미도에게 건네며 말했다.

　"진짜? 최불암 시리즈는 그렇다 쳐도, 사오정 시리즈를 모른
다고?"

　"네, 처음 들어요."

　"와- 세대 차이 느낀다. 삼촌이 사오정한테 비디오 가게에서
〈007〉 투를 빌려오라고 했어. 사오정은 뭘 빌려왔을까?"

　"…글쎄요? 〈007〉 시리즈 2편을 빌려왔겠죠?"

　"고공 침투."

　"풋!"

음료수를 마시던 미도는 갑작스러운 웃음에 사레가 들려 황급히 티슈를 찾았다. 지오는 자신이 재미있는 이야기를 할 때마다 진심으로 웃어 주는 미도가 좋았다.

"지난번 힌트는 찾았어?"

"그럼요. 지금은 '영원히 추락하는 자의 목소리가 들리는 곳'을 찾고 있어요."

"아, 그거 왠지…."

"아! 잠깐! 아직 말하지 마세요. 제가 먼저 찾아볼 거예요."

지오는 그저 '왠지 좀 으스스한데'라고 말할 생각이었지만, 미도의 반응을 보고 이미 자신은 모든 걸 알고 있다는 듯 팔짱을 꼈다.

"그래, 도움이 필요하면 언제든 말하고."

"오빠는 문제 많이 푸셨어요?"

"문제는 진작 다 풀었지. 다른 애들 푸는 거 기다리고 있어. 다른 애들도 어느 정도 풀어야 미션이 열리거든."

"와- 대단하다. 최근에 푼 미션은 뭐였어요?"

미도의 질문에 지오는 포물선 운동 미션 이야기를 흥미진진하게 풀어냈다. 하지만 지오의 이야기에서 위험 요소가 있을 수 있다며 아이들을 제지한 건 나기가 아닌 지오였다.

"그래서 내가 나기를 말리면서 소리쳤지. 멈춰! 저 병에 있는 표시는 고압 가스 주의 표시야. 함부로 충격을 주면 터질지도 몰라!"

"오… 그래서요?"

미도가 마른침을 삼키며 지오의 이야기를 듣고 있을 때, 아지트 앞문이 열리며 리나와 나기가 나타났다. 지오는 심장이 덜컥 내려앉는 기분이었다.

"어, 어어? 오늘 레슨 받는 날 아니었어?"

"그냥 상담만 좀 받고 왔어."

미도를 본 리나와 나기도 놀라기는 마찬가지였다. 다른 사람을 데리고 오지 말자고 약속한 적은 없었지만, 이 아지트는 다섯 사람만의 장소라는 게 암묵적인 규칙이었기 때문이다. 세 사람 사이에 흐르는 불편한 긴장감을 느낀 미도가 짐을 챙겨 자리에서 일어났다.

"저, 그럼 전 먼저 들어가 볼게요."

"어, 그, 그래."

미도를 배웅하며 지오는 인상을 찌푸렸다.

'한 번쯤은 자리를 비켜 줄 수도 있는 거 아닌가?'

지오는 두 사람이 야속했고, 미도 앞에서 체면을 구겼다는 생각에 화도 났다.

미도가 자리를 떠난 뒤 리나가 말했다.

"지오야, 상의도 없이 이건 좀 아닌 것 같아."

"아니, 딱히 그러지 말자고 정한 것도 아니고…."

"그리고 너 말하는 소리가 복도까지 들리던데, 내용이 내가 기억하는 거랑 좀 다르더라?"

리나의 한마디에 지오의 얼굴이 창백해졌다. 자신의 허풍이 친구들 귀에 들어갈 거라곤 생각 못 했다.

"그… 말하다 보니 좀 흥분해서…."

"이번 한 번은 참을 거야. 하지만 또 네 허풍 때문에 나기를 바보로 만들면 그땐 용서 안 해."

지오는 고개를 숙였다. 지금까지 본인이 쌓아 온 위태위태한 거짓말의 성이 와르르 무너져 가슴속을 때렸다.

며칠 후, 지오는 과학 수업을 듣고 있었다.

"오늘은 무중력 상태에 관해 이야기해 보자. 무중력 상태는 중력이 없다는 뜻이지만, 실제로 중력이 없는 경우는 존재하지 않는다. 중력은 중심으로부터의 거리 제곱에 반비례해서 감소할 뿐, 사라지지는 않기 때문이다. 그렇기에 무중력 상태의 더 정확한 표현은 중량을 측정할 수 없는, 즉 '무중량 상태'다. 지구 주변에서 무중량 상태가 되는 건 크게 두 가지 경우가 있는데, 첫 번째는 밀폐된 상태로 가속도가 g인 등가속도 운동을 할 때고, 두 번째는 우주 공간에서 궤도 운동을 할 때다. 가속도가 g인 등가속도 운동엔 대표적으로 자유 낙하, 수직 투사, 포물선 운동 등이 있다. 만약 여러분이 저울에 올라서서 엘리베이터를 타고 있을 때, 엘리베이터가 자유 낙하 한다면 저울의 눈금은 0을 가리킬 것이다. 양팔 저울이든, 용수철저울이든, 전자저울이든 중력을 이용한 저울들은 무중량 상태에서 그 기능을 잃는다. 그렇다면 무중량 상태일 때 질량을 측정하는 방법은 무엇이 있을까?"

공위성 선생의 질문에 아이들이 웅성거렸다. 중력을 이용하지 않고 질량을 재는 방법에 대해서는 생각해 본 적이 없었다. 아무도 대답하는 사람이 없자, 공위성 선생은 돌연 옆에 있던 지오를 지목했다.

"너, 주나기 친구."

"⋯권지오입니다."

지오는 깜짝 놀랐지만 목소리를 가다듬고 자신의 이름을 말했다. 공위성 선생이 학생들 이름을 외우지 않는 것은 어제오늘 일이 아니었지만, 지오는 그냥 '너'도 아니고 '주나기 친구'로 불린 게 마음에 들지 않았다. 공위성 선생은 어깨를 한번 으쓱하고 질문을 이어 갔다.

"아이디어를 내 봐라."

"일정한 힘을 줬을 때 가속도를 측정하면 질량을 알 수 있습니다."

"음, 좋다. 힘은 질량과 가속도($F=ma$)를 곱한 것이므로, 용수철이나 금속판 등을 이용해 일정한 힘을 가하고, 그때 물체의 가속도를 측정하면 질량을 알 수 있다. 다음, 주나기 친구2."

다음 화살이 향한 건 지수였다. 지수는 약간 허둥거리다가 곧 차분히 설명했다.

"물체를 던져 보면 알 수 있지 않을까요? 물체가 무거울수록 저도 반대 방향으로 밀리니까."

"음, 그렇지. 운동량 보존 법칙을 활용하는 방법도 있다. 정지 상태의 초기 운동량은 0이니, 자신의 질량 $m1$을 알고 있을 때 분리 이후 자신과 물체의 속도를 측정하면 $m1v1+m2v2=0$이라는 식이 성립해서 미지의 질량 $m2$를 알 수 있다."

자신감을 얻은 아이들은 이후에도 용수철 진자의 주기를 활용하는 방법이나 구심력을 측정하는 방법 등 다양한 아이디어를 내놓았다. 지오는 나기라면 과연 어떤 답을 했을지 내심 궁금해졌다.

"다음으로 궤도 운동에 대해 생각해 보자. 궤도 운동은, 중력을 구심력 삼아 원운동을 하고 있는 상태이다. 이때 작용하는 가속도는 결국 중력 가속도지만, 투사 운동과 달리 방향이 계속 변한다는 차이가 있다. 궤도 운동을 할 때 중력과 원심력이 평형을 이루어서 무중량 상태가 된다는 건 잘못된 설명이다. 이 같은 논리로는 엘리베이터가 수직 낙하할 때 무중량 상태가 되는 것을 설명할 수 없다. 분명히 말하자면 원심력은 구심력과 작용-반작용 관계도 아니고, 실제 존재하는 힘이 아닌 관성의 한 형태일 뿐이다."

아이들의 분위기가 한순간 술렁였다. 많은 학생이 우주 정거장의 무중량 상태는 원심력과 중력의 평형 때문이라고 알고 있었기 때문이다.

"우주 공간에서 무중량 상태를 경험하는 건, 만유인력이라는 힘의 특성 때문이다. 만유인력은 여러분을 구성하는 원자 하나하나에 모두 작용하며, 우주 정거장의 나사 하나하나에도 같은 비율로 작용한다. 결과적으로 여러분과 여러분을 둘러싼 시스템이 마찰력이나 수직 항력, 장력 따위로 서로 힘을 주고받지 않아도 완벽하게 같은 운동 상태를 유지하는 것, 이것이 무중량 상태의 본질이다. 다른 말로 표현하면 무중량 상태는 중력에 대항하는 힘이 없는 상태라고도 할 수 있다. 외부를 관측할 수 없는 상황이라면 우주 비행사는 자이로스코프*나 GPS 같은 장비의 도움 없이 궤도 운동과 무한히 계속되는 자유 낙하 운동을 구분할 수 없다."

공위성 선생의 설명을 듣던 지오의 눈이 번쩍 뜨였다. 미도가 말했던 '영원히 추락하는 자의 목소리가 들리는 곳'에서 '영원히 추락하는 자'는 궤도 운동을 하는 인공위성이 틀림없었다. 인공위성의 목소리가 들리는 곳이라면 위성 안테나가 설치된 옥상일 것이다. 지오는 미도가 답을 물어볼 때 어떻게 멋지게 답해줄지 생각하는 것만으로 기분이 좋아졌다.

---

*   회전체의 역학적인 운동을 관찰하는 실험 기구로 '회전의'라고도 한다.

운동회

지오의 기대와는 달리, 미도는 한동안 힌트를 묻지 않았다. 미도는 학교 뒷산에 있는 작은 폭포를 찾거나 하며 나름의 답을 찾아가는 중이었다. 그렇게 운동회 날이 다가왔다.

"안녕하세요, 과특중 운동회의 사회를 맡은 백화란!"

"하유아입니다!"

"오늘 정말 운동회 하기 좋은 날이네요!"

"맞아요. 그럼 우리 힘차게 첫 번째 종목을 시작해 볼까요? 첫 번째 종목은! 박 터트리기입니다!"

하유아 선생의 목소리에 맞춰 운동장 한쪽에서 박이 매달린 장대가 줄줄이 입장했다. 첫 번째 경기는 1학년의 순서였다.

"자, 그럼 시작 구령에 맞춰 준비~ 시-작!"

인성은 땅에 떨어진 콩 주머니를 주워 박을 향해 던졌다. 다른 아이들의 콩 주머니가 '퉁-' 하고 박을 울릴 때, 인성이 던진 콩 주머니는 '빡-!' 하고 선명하게 부딪히는 소리를 냈다. 운동을 잘했던 인성은 초등학교 저학년 때 리틀야구단에서 투수를 했다. 인성이 속한 청팀의 박이 제일 먼저 쪼개지며 '축! 제1회 과학특성화중학교 운동회' 현수막을 쏟아 냈다. 인성은 중간고사 때 쌓인 스트레스가 조금은 풀리는 것 같았다.

잠시 후, 2학년의 경기가 시작되었다. 인성은 2학년들이 콩 주머니를 던지는 모습을 가소롭다는 표정으로 지켜봤다. 그런데 그때, 인성의 근처에 있던 누군가가 다급한 목소리로 외쳤다.

"야! 피해!"

인성은 주변에 있던 학생들이 화들짝 놀라는 모습에 하늘을 올려다봤다. 그는 반사적으

축 제1회 과학특성화중학교 운동회

로 자신을 향해 떨어지는 콩 주머니를 잡았다. 얼마나 빠른 속도로 떨어졌는지 손바닥이 얼얼할 정도였다.

"어떤 자식이 관중석 쪽으로 콩 주머니를…!"

발끈하던 인성은 콩 주머니가 날아온 방향을 생각하고 고개를 갸웃거렸다. 관중석을 향해 던졌다기엔 머리 위에서 떨어진 각도가 설명되지 않았다. 주변을 두리번거리던 인성은 곧 콩 주머니가 발사된 지점을 발견했다.

"흡!"

"아아-!"

지수가 던진 콩 주머니가 아슬아슬하게 박을 스쳐 가자, 지켜보던 아이들이 탄식을 내뱉었다. 하늘 높이 날아오른 콩 주머니는 점으로 보일 만큼 올라갔다가 관중석에 떨어졌다. 지수가 콩 주머니를 던지는 모습은 마치 조준이 엉망인 대포와 같았다.

"으럇!!"

뒤이어 던진 콩 주머니가 박에 맞았다. 그러자 묵직한 소리와 함께 박이 쪼개졌다. 지수를 중심으로 한 아이들이 일제히 환호했다. 하유아 선생과 백화란 선생의 탄성이 스피커를 통해 울렸다.

"2학년 박 터트리기는 청팀의 승리입니다!"

1학년 청팀의 응원 단장인 미로는 반 티로 맞춘 토끼 옷을 입고 춤을 추고 있었다. 땀에 젖은 머리카락이 그녀의 활기찬 모습을 더욱 돋보이게 했다.

"청팀! 승리!!"

청팀의 승리가 확정되자 미로는 깡충깡충 뛰며 승리를 기뻐했다. 몇몇 남학생은 손뼉 치는 것도 잊은 채 멍하니 그녀의 모습을 바라봤다.

경기가 끝나고 쉬는 시간 동안 미로는 대기열 뒤에서 태한과 만났다. 운동회 당일까지 모든 힌트를 풀겠다고 호언장담했던 그였다. 미로는 목에 수건을 걸친 채 물을 마시며 태한에게 물었다.

"어떻게 됐어?"

"뭐, 아- 그거? 게임하느라 깜빡했어."

"뭐?!"

미로는 황당한 표정으로 태한을 노려봤지만, 그는 능청스러운 얼굴로 음료수를 마시며 눈을 피했다.

태한이 마지막으로 발견한 문제는 '현무의 알은 현무를 울게 하고, 비익조의 알은 비익조를 울게 한다'였다. 이 문제를 발견한 건 4일 전이었고, 현무 동상과 비익조 동상을 발견하는 것도 어렵지 않았다. 태한은 그날 이후 내내 이 문제에 대해 고민했지만 '현무의 알'과 '비익조의 알'이 무엇을 의미하는지 도무지 알 수가 없었다. 하지만 문제를 풀다가 막혔다고 인정하는 건 그의 자존심이 허락하지 않았다.

"뭐 대충 현무랑 비익조의 공통점이나 차이에 관한 문제 같은 데, 좀 기다려 봐. 어느 순간 영감이 딱 떠오르거든."

태한은 다시 음료수를 마시며 곁눈질로 미로의 반응을 살폈다. 그가 보통 이렇게 말하면 사람들은 '역시 천재는 다르다'거나 '영감이 온다는 건 어떤 느낌이야?' 따위의 말을 했다. 하지만 미로는 미련 없이 뒤돌아서 걸어갔다.

"야! 어, 어디가?"

미로는 대답 대신 접시를 받치듯 양 손바닥을 어깨 높이로 들고 엉덩이를 한번 씰룩거렸다.

'…무슨 의미야 그건?!'

태한은 영문도 모른 채 인파 속으로 사라지는 미로의 모습을 멍하니 바라봤다.

지오는 농구 경기를 마치고 수돗가에서 머리를 감고 있었다. 지오의 리바운드에 힘입어 청팀은 큰 차이로 백팀을 이겼다. 백팀엔 나기가 있었기에 지오는 이번 승리가 내심 더 뿌듯했다.

"오빠!"

누군가가 지오에게 수건을 내밀었다. 안경을 벗고 있었던 지오는 커다란 토끼가 서 있는 것 같은 모습에 깜짝 놀랐지만, 곧 목소리의 정체를 눈치챘다.

"아, 미도구나."

"농구 잘하시던데요?"

"아, 봤구나?"

"그럼요!"

지오는 수건으로 머리를 말리며 얼굴을 가렸다. 지금 자신은 분명 바보처럼 헤벌쭉한 표정을 짓고 있을 것이다.

"오빠, 저 궁금한 게 있는데…."

"응. 뭐든 물어봐."

"오빠는 현무랑 비익조의 차이가 뭐라고 생각해요?"

"아, 다음 힌트 찾았구나?"

지오는 인공위성에 관해 설명해 줄 기회를 놓친 게 무척 아쉬웠지만, 다행히 전통 설화는 자신 있는 분야 중 하나였다.

"현무는 북쪽을 수호하는 수호신으로, 물과 겨울을 관장해. 흔히 뱀과 거북이 한 쌍으로 되어 있는 모습으로 그리지만, 전설에 따르면 현무는 뱀과 거북이 자웅동체를 이룬 한 몸이야. 비익조는 동아시아 설화에 나오는 상상의 동물로, 암수가 각각 1개의 눈과 날개만 가지고 있어 한 쌍이 되어야만 날 수 있는 새지."

"그래서요?"

"…그, 글쎄? 일단 가장 큰 차이라면 현무는 나눌 수 없는 거고, 비익조는 나눌 수 있는 게 아닐까? 두 생물이 똑같이 합쳐진 거라고 해도 비익조는 한 쌍이지만, 현무는 키메라 같은 거니까."

"음… 그것뿐이에요?"

"일단 떠오르는 건 그 정도인데."

"네, 알겠어요. 고마워요, 오빠."

"어… 미도야!"

"네?"

지오는 아쉬운 마음에 뒤돌아서는 그녀를 불러 세웠지만, 딱히 할 말이 떠오르진 않았다. 잠시 머뭇거리던 지오는 자신의 18번 아재 개그를 꺼내 들었다.

"손오공이 사오정한테 매점에서 빵 하나 우유 하나를 사 오라고 했는데, 사오정이 뭘 사 왔을까?"

"빵이랑 우유를 사 왔겠죠?"

"아니, 바나나 우유를 사 왔대."

"…"

"빵하나 우유…. 바나나 우유…."

"…아하~!"

그녀는 알겠다는 듯 지오에게 손가락 권총과 함께 윙크를 날리고 사라졌다. 지오는 그녀의 반응이 좀 낯설었지만, 그 모습 또한 귀엽다고 생각했다.

과학 골든벨

"잘 썼어."

미로는 뒷줄에 앉아 있는 인성에게 머리띠를 던져 주고 태한에게 걸어갔다.

"좀 알 것 같은 사람한테 물어봤는데, 현무는 뱀과 거북이 한 몸인 키메라 같은 거고, 비익조는 암수 한 쌍이 붙어 있는 거래. 그래서 서로 뗄 수 있는지 없는지가 가장 큰 차이일 거라는데?"

"…!"

태한은 속으로 '딱!' 하고 손가락을 퉁겼다. 자신이 지금까지 잘못 생각하고 있던 부분이 무엇인지 단숨에 깨우쳤다. 그야말로 영감이 떠오른 기분이었지만, 태한은 애써 시큰둥한 표정으로 미로에게 말했다.

"그거네. 현무는 자기, 비익조는 전기. 자기는 N극과 S극, 전기는 플러스와 마이너스로 이루어져 있지. 전기는 양성자와 전자로 쪼갤 수 있지만 자기는 N과 S를 따로 쪼갤 수 없어. 큰 자석을 쪼개면 2개의 작은 자석이 될 뿐이고, 이 과정을 계속 반복하면 결국 자성을 잃어버리거든."

"오- 그렇구나."

미로는 고개를 끄덕였다. 거의 매일 밤 미도에게 지오의 이야기를 들으면서 그런 뜬구름 잡는 소리는 나도 하겠다고 비웃었는데, 실제로 도움이 되는 소리였다는 게 놀라웠다. 미로가 태한에게 물었다.

"그래서 현무의 알이랑 비익조의 알은 뭔데?"

"그 정도는 딱하고 감을 잡아야지. 금방 해결하고 올게, 기다려."

뒷주머니에 양손을 꽂은 채 슬렁슬렁 걸어가는 태한의 뒷모습을 보며, 미로는 태한이 조금만 더 열정적이었으면 좋겠다고 생각했다.

오후엔 전교생을 대상으로 한 과학 골든벨이 진행되었다. 전반전인 OX퀴즈에서 30명 정도가 남자 문제는 주관식으로 바뀌었다. 객관식은 맞출 경우 1점씩이었지만, 주관식은 5점씩 점수판에 합산되었다.

"이것은 물리학자 찰스 패브리와 헨리 뷔송이 1950년대에 발견한 공기의 층입니다. 단파 자외선을 흡수하는 성질을 가지고 있어 육상 생물이 출현하는 데 도움을 준 이것의 이름은 무엇일까요?"

인성은 화이트보드에 자신 있게 정답을 썼다. 괜히 어려운 이름 같은 게 많이 섞여 있긴 했지만, 자외선을 차단하는 공기의 층이라면 당연히 오존층이었다. 모두가 화이트보드를 머리 위로 들자, 곧 정답이 발표되었다.

"정답은 오존층입니다. 산소 원자가 3개 결합한 오존(O_3)은 지상에 자외선이 도달하는 것을 막아 주는 소중한 존재지요?"

인성은 역시나 예상대로라고 생각하며 '청팀 파이팅' '친구들아 미안해' 따위를 적고 탈락하는 인파를 한심하게 쳐다봤다.

문제가 계속될수록 난이도는 빠르게 상승했다. 이제 청팀에 남아 있는 사람은 금슬, 인자, 인성을 합해 10명도 되지 않았다. 인성은 남은 사람 중에 태한이 없다는 게 안심되면서 기뻤다.

"이것은 지구 주위에 묶인 대전된 입자의 도넛 모양 2층 구조를 말합니다. 지표면에서 1000~6만km 영역에 존재하는 이것은 태양으로부터 날아온 대전입자들이 지구 자기장에 붙잡혀 만들어진다고 추정되는데요, 미국의 물리학자 제임스 밴앨런이 발견한 이것은 무엇일까요?"

인성은 보드마카 뚜껑을 잘근잘근 씹었다. 그가 화이트보드에 처음 쓴 답은 '전리층'이었다. 하지만 전리층이 도넛 모양이라는 이야기는 한 번도 들어 본 적이 없었다.

'집중해라 노인성! 문제 속에 답이 있다. 문제 속에 답이 있다…!'

그는 고민 끝에 제임스 밴앨런이라는 이름을 이리저리 끼워 맞추기 시작했다. '밴앨런층'이라고 답을 썼다가 도넛 모양이라는 말에 '밴앨런고리'로 다시 답을 고쳤다.

"정답은… 밴앨런대입니다! 아− 많은 학생들이 오답을 썼는데요…. 밴앨런고리라고 쓴 학생도 있네요."

인성이 화이트보드를 들고 있는 동안 백화란 선생은 뒤에 있던 공위성 선생과 짧게 논의했다.

"밴앨런대는 도넛 모양으로 영어 표현은 밴 앨런 벨트(Van Allen Belt)기 때문에, 밴앨런고리도 정답으로 인정하겠습니다. 정확한 명칭은 밴앨런대 또는 밴앨런 복사대이니 주의해 주세요."

인성은 안도의 한숨을 내쉬었다. 방금 문제로 금슬을 포함한 4명이 탈락했다. 남아 있는 1학년은 인성뿐이었다. 인성을 응원하는 1학년들의 목소리가 더욱 커졌다.

남은 사람은 청팀의 인자와 인성, 백팀의 나기였다.

"마지막 문제입니다. 이것은 미국의 건축가이자 디자이너인 버크민스터 풀러가 발명한 구조물입니다. 이것은 통상적인 구조물 대신 장력을 이용해 물체를 고정하기 때문에 마치 떠 있는 듯한 인상을 주는 것이 특징입니다. 이 구조물은 가볍고 튼튼하지만, 설계와 시공이 어렵다는 단점이 있는데요. 영어로 장력과 구조 안정성의 합성어인 이것은 무엇일까요?"

인성은 다시 한번 눈앞이 캄캄해졌다.

'장력은 텐션(Tension). 구조 안정성은 뭐지? 스트럭처럴 스테빌리티(Structural stability)? 합치면….'

인성은 화이트보드에 몇 가지 조합을 휘갈겼지만 그중에 이거다 싶은 답은 없었다. 시간이 흐를수록 그의 마음은 초조해졌다.

그때 갑자기 '펑!' 소리와 함께 불꽃놀이가 시작되었다. 연달아 하늘로 솟아오르는 폭죽에 나기의 얼굴이 창백하게 변했다.

'축제의 날 쏟아지는 유성우를 막아라.'

나기는 들고 있던 화이트보드를 던지듯 내려놓고 관중석으로 달려갔다.

"위험해! 모두 도망쳐!"

나기의 외침에 아이들은 움찔했지만, 아무도 자리를 떠나진 않았다. 불꽃은 여전히 하늘을 화려하게 물들이고 있었다.

"모두 건물 안으로!"

나기는 발을 동동 구르며 리나와 친구들의 모습을 눈으로 찾았다. 하지만 이 상황을 심각하게 여기는 사람은 나기밖에 없는 듯했다. 나기의 돌발 행동에 모두의 관심이 쏠려 있을 때, 인성은 옆에 떨어진 나기의 화이트보드에서 '텐세그리티'라고 쓰인 정답을 봤다.

'텐세그리티? 텐션(Tension)과 인테그리티(integrity)의 합성어인가?'

인성은 화이트보드에 'tensegrity'라고 영어로 바꿔 정답을 적었다.

"아아- 주나기 학생, 괜찮습니다. 학생들도 모두 자리로 돌아가세요!"

백화란 선생이 마이크에 대고 외쳤다. 불꽃놀이도 곧 끝이 났다. 주변이 침묵에 휩싸이자 나기는 뒤늦게 현실 감각을 되찾고 자리로 돌아갔다.

'하긴, 아무리 그래도 학생들을 향해 폭죽을 쏠 리가….'

그날 이후 아이들 사이에선 나기의 아버지가 택견으로 단련된 특수부대원으로 해외 파병을 자주 다녔기 때문에 나기도 어린 시절을 내전 지역에서 보내 폭발음에 대한 PTSD(외상 후 스트레스 장애)를 앓고 있다는 소문이 퍼졌다.

"정답은 텐세그리티(tensegrity)입니다! 정답을 맞춘 여러분 축하합니다!"

인성과 나기가 정답이 적힌 화이트보드를 흔들고 있을 때 인자는 '이인자가 No.2'라고 적은 화이트보드를 내려놓고 자리에서 일어났다. 인성이 능글맞은 표정으로 말했다.

"이렇게 되면 No.3 아니에요?"

"아무도 못 봤을 것 같지?"

인자의 한마디에 인성은 가슴이 철렁 내려앉았다.

"뭐, 뭐… 무슨 말인지 모르겠는데요?"

인성이 표정 관리를 위해 안간힘을 쓰고 있을 때 인자는 관심도 없다는 듯 그를 비웃었다.

"쭉 그렇게 살아. 난 No.2지만, 넌 아무것도 아니야."

인자가 자리를 떠나기 무섭게 1학년들이 달려와 인성을 헹가래질했다. 1학년에겐 2학년과 함께한 경기에서 마지막 문제까지 통과한 인성이 영웅이었다. 수많은 손길과 무중량 상태를 오가는 동안에도 인성은 웃을 수가 없었다. 인성은 이 기분을 언젠가 느껴 본 적이 있다고 생각했다. 그건 태한에게 돈을 주고 전교 1등을 지켰던 그날의 기분이었다.

확인

　운동회가 끝나자마자 미로는 태한과 아지트를 방문했다. 아지트엔 TV와 소파가 놓여 있었고, 문에는 디지털 잠금 장치가 달려 있었다. 미로가 태한에게 물었다.

　"그래서 현무의 알이랑 비익조의 알은 뭐였어?"

　"자석이랑 건전지."

　태한은 주머니에서 AA사이즈 건전지를 꺼내 흔들어 보였다. 비익조 동상의 부리 사이에 건전지를 끼우자 교실 위치를 알려 주는 소리가 나왔고, 현무 동상은 머리 근처에 자석을 가져다 대자 비밀번호를 알려 줬다. 태한이 미로에게 물었다.

　"걔는 어떻게 할 거야? 노인정인지 노양심인지."

　"노인성? 당연히 불러야지."

　"왜? 걔가 뭘 했다고?"

"2명은 그룹이라기엔 너무 적잖아? 나는 6명 정도는 모으고 싶어."

태한은 비니를 푹 눌러 실망한 표정을 감췄다. 미로와 둘만의 공간을 가질 것이라 기대했던 자신이 조금 부끄러웠다.

"일단 1명은 오로라… 또….'

태한은 기억을 더듬어 '오로라'라는 이름을 떠올렸다. 분명 방송댄스부에 그런 이름의 여자애가 있었다. 체육복 차림에 야구모자를 눌러쓴 모습과 힙합 댄스를 추던 모습이 어렴풋이 기억났다.

"걔 좀 추긴 했지. 걔 말고 1명 더 있었던 것 같은데. 가나다였나?"

"도레미! 도레미가 어떻게 하면 가나다가 되니?!"

미로의 머릿속엔 5명의 멤버가 출 안무 동선이 선명하게 그려졌다. 자신이 센터에 서고, 태한과 인성이 양 사이드에서 균형을 맞출 것이다. 브리지 부분에선 로라와 레미가 힙합이나 락킹으로 분위기를 전환해 주면 멋질 것이다. 하지만 여기에 실력 있는 멤버가 1명만 더 있어도 훨씬 다양한 구성을 시도해 볼 수 있었다.

"미도도 같이 추면 좋을 텐데."

미로는 아쉬움에 발끝을 부딪쳤다. 미로는 몇 년이나 미도가 춤추는 모습을 보지 못했지만, 그 애가 얼마나 춤에 재능이 있는지 알고 있었다. 스스로 발레를 배우기로 한 걸 보면 춤에 대한 흥미가 조금은 돌아왔는지도 모를 일이었다.

　비슷한 시각, 지오는 수성관 근처 공터에서 미도와 만났다. 지오는 벤치에 앉은 미도에게 웃는 얼굴로 달려가 물었다.
　"미도야! 힌트는 풀었어?"
　"…오빠."
　미도는 처량한 얼굴로 지오를 올려다봤다. 퉁퉁 부은 두 눈엔 아직도 눈물이 그렁그렁했다.
　"죄송해요, 오빠. 제가 고집부리지 말고 바로 물어봤어야 했는데, 혼자 풀어 보려다 기회를 놓쳤어요."
　"누가 먼저 푼 거야?"
　"네."
　미도는 운동회가 끝나고 현무와 비익조 문제를 풀었다. 하지만 동상에서는 팡파르 소리와 함께 '축하합니다. 당신은 두 번째로 학교의 비밀을 모두 풀었습니다'라는 안내 멘트가 나올 뿐이었다. 미도는 그제야 운동회 도중에 터진 불꽃놀이의 의미를 깨달았다.
　"마지막 두 문제 중 하나라도 오빠한테 물어봤다면 먼저 맞힐 수 있었을 텐데!"

미도의 말을 듣고 있던 지오는 묘한 이질감이 들었다. 미도가 지오에게 힌트를 구하러 온 건 불과 몇 시간 전이었다.

'설마?'

오늘 자신이 만난 게 미도가 아닌 미로였을 가능성을 떠올리자 지오는 가슴이 철렁하고 다리가 후들거리는 기분을 느꼈다. 하지만 그렇게 확신하기엔 미도가 말하는 '두 문제'가 꼭 마지막 두 문제가 아닐 가능성도 있었다. 지오는 더듬더듬 기억을 맞춰 보며 미도에게 물었다.

"미, 미도야… 혹시 내가 마지막으로 해 준 사오정 이야기… 기억나?"

"고공 침투 이야기요? 그건 왜요?"

"아냐, 그… 혹시 마지막 문제는 뭐였어?"

"'현무의 알은 현무를 울게 하고, 비익조의 알은 비익조를 울게 한다'예요. 이미 늦었지만."

설마가 확신으로 변했다. 1학년의 비밀을 푼 건 미로였다. 그리고 지오 자신도 거기에 힘을 보탰다. 지오는 바보 같은 자신의 뺨이라도 때리고 싶은 기분이 들었다.

운동회 뒤로 지오는 한동안 없는 사람처럼 지냈다. 특별활동에도 나오지 않았고, 아지트에 오는 일도 없었다. 표면상의 이유는 농구 경기에서 발목을 다쳐서였다.

특별활동 시간에 발레를 배우면서도 미도의 마음속은 온통 지오를 걱정하는 생각뿐이었다. 혹시 자기 일 때문에 마음이 상한 건 아닐까, 다른 문제가 생긴 건 아닐까. 하지만 문자를 해봐도 매번 돌아오는 건 걱정하지 말라는 짤막한 답장뿐이었다.

콩쿠르 이후에도 쭉 보조 강사로 활동하게 된 도수진 선생은 미도를 눈여겨보고 있었다. 큰 키, 얇고 긴 팔다리, 예쁜 얼굴, 유연하고 적당히 단련된 몸. 체격적인 조건으로 봐도 탐이 나는 인재였지만, 그것보다 그녀를 놀라게 한 건 미도가 동작을 흡수하는 속도였다. 미도가 손끝이나 시선을 처리하는 모습을 보면 발레를 시작한 지 두 달밖에 되지 않았다는 걸 믿을 수 없을 정도였다.

"너 정말 발레가 처음이니? 다른 춤은?"

"전에 방송댄스를 조금…."

발레 학원엔 다른 춤을 배우다가 온 아이들도 많았기에 도수진 선생은 그런 아이들의 특징을 잘 알고 있었다. 방송댄스엔 동작을 크게 보이기 위해 가슴을 열었다 닫거나 어깨를 돌리는 동작, 다리를 안팎으로 젖히는 동작들이 많다. 반면 발레는 늘

상체를 조이고, 머리를 높게 끌어올린 상태를 유지한다. 이런 차이 때문에 다른 댄스를 오래 배운 아이들은 고치기 힘든 습관이 있는 경우가 많았다. 하지만 미도의 동작에선 그런 모습이 전혀 없었다. 마치 처음부터 백지에 쓴 것처럼 자신이 보여준 동작만이 고스란히 새겨져 있었다.

"와, 정말 욕심난다."

"그냥 본 대로 따라 할 뿐인걸요."

미도는 시선을 살짝 떨구며 말했다.

"얘, 그게 얼마나 대단한 건지 모르는구나?"

미도가 말한 논리대로라면 보이는 대로 색깔을 찍으면 그림이 되고, 들리는 대로 부르면 노래가 될 것이다. 어느 수준 이상의 기술을 그대로 따라 한다는 건 말처럼 쉬운 일이 아니다. 하지만 도수진 선생의 칭찬에도 미도는 쓸쓸한 미소를 지어 보일 뿐이었다.

자백

특별활동을 마치고 나오는 길, 미도는 자신을 기다리고 있던 지오와 마주쳤다.

"오빠!"

일주일 남짓한 시간 동안 지오는 조금 해쓱해진 것 같았다. 화단을 천천히 따라 걸으며 두 사람은 서로의 안부를 물었다.

"다친 곳은 좀 괜찮으세요?"

"어? 아… 어. 괜찮아."

"도수진 선생님이 걱정하셨어요."

"응, 다음 주엔 제대로 나갈 거야."

지오는 오늘 미도를 만나면 하려고 했던 이야기들을 계속해서 곱씹었다. 미도의 얼굴을 보기 전까진 속 시원히 다 털어놓을 수 있다고 생각했는데, 막상 그녀의 얼굴을 보니 용기가 점점 사그라들었다. 지오는 지금 있는 용기가 다 사라지기 전에 말해야 한다고 자신을 재촉했다.

"미도야."

"네?"

"나는… 네가 생각하는 것처럼 대단한 사람이 아니야."

"에이, 오빠, 겸손도 과하면 예의가 아니라고 했어요."

"아냐, 나는 너한테 허풍도 엄청 많이 떨었고 잘 모르면서 던진 말도 많았어. 그중 몇 개가 우연히 맞아 들었을 뿐이야."

"운도 그렇게 몇 번이나 맞추면 실력이죠."

"아냐, 정말로, 이 학교엔 나보다 잘난 애들이 차고 넘쳐. 나는 그냥 한심한 거짓말쟁이야."

지오는 떨리는 두 주먹을 꽉 움켜쥐었다. 진실을 말하는 게 이렇게 힘든 일이라는 걸 처음 느꼈다.

울상이 된 지오와 달리 미도는 평소와 같은 표정으로 그의 말을 듣고 있었다.

"음… 뭐, 그래요. 오빠가 저한테 뭔가 거짓말을 했다 쳐요. 그래도 제가 오빠 때문에 피해를 본 건 없고, 몇 번이나 도움을 받은 건 사실이니 크게 달라질 건 없을 것 같아요."

"난 스노보드도 못 타고, 실수도 많이 했고, 다른 친구들의 도움도 많이 받았고…."

"네, 그것도 다 괜찮아요."

미도의 반응에 지오는 입술을 깨물었다. 지오는 차라리 미도가 실망하고 돌아서길 바랐다. 그러면 이 정도에서 모든 상황이 정리될 테니 말이다. 하지만 이제는 말해야 했다. 1학년에게 주어진 학교의 비밀을 푼 사람은 미로이고, 그녀에게 마지막 힌트를 알려 준 사람은 바로 자신이라고.

"미도야, 학교의 비밀을 먼저 푼 게 누군지 알아?"

"아뇨. 오빠는 아세요?"

"그건⋯."

지오는 덜덜 떨리는 턱을 간신히 가누며 입을 열었다. 심장이 머릿속에서 뛰는 것처럼 쿵쾅거리고 눈앞이 어지러웠다. 이제이 말과 함께 자신의 첫사랑은 끝이 날 것이다. 하지만 사실을 가슴에 계속 담아 둔 채 미도를 마주할 자신도 없었다.

"그건⋯!"

"미도야!"

지오가 입을 떼려는 순간, 미로가 손을 흔들며 다가왔다.

"?!"

갑작스러운 미로의 등장에 지오는 눈물이 쏙 들어갔다. 미로는 얼음처럼 굳어 있는 지오에게 운동회 날처럼 손가락 권총을 쏘며 윙크를 날렸다.

"오빠! 요전엔 고마웠어요! 야, 우리 아지트 보러 가자."

"어?"

아직 상황을 파악하지 못한 미도가 자리에 우뚝 멈춰 섰다.

"아지트?"

"서프라~이즈! 내가 멋지게 아지트를 차지해서 댄스 연습실을 만들었지!"

미도는 방에서 미로에게 학교의 비밀에 대해 신나게 이야기하던 걸 떠올렸다. 그때마다 미로는 '으흥~' 하고 의미 없는 추임새만 더했기에 미도는 미로가 뒤에서 학교의 비밀을 풀고 있을 거라곤 꿈에도 생각하지 못했다.

"비밀을 푼 게… 너였어?"

"뭐, 정확히는 우리 팀에 있는 밥맛이랑 저 오빠 덕분이지. 내가 무슨 재주로 그걸 다 풀었겠어?"

미도의 당황스러운 눈빛이 지오를 향했다.

"오빠가 미로를 도와줬어요?"

"아니 나는… 너인 줄 알고… 딸꾹?!"

지오는 너무 놀라서 딸꾹질이 났다. 한때 주식에 빠져 있던 아빠가 '바닥 밑에 지하실 있다'라고 했던 말이 무슨 뜻인지 이제야 알 것 같았다. 미로는 분위기에 아랑곳하지 않고 생기발랄한 목소리로 말을 이어 갔다.

"아무튼, 내가 지금 댄스팀을 만들고 있거든? 발레도 배우는 걸 보면 춤에 다시 관심이 생긴 것 같은데, 같이 할래?"

미도의 두 손이 분노로 떨렸다. 자신만 바보가 된 것 같은 이 상황과 미로의 뻔뻔함에 그녀는 견딜 수 없이 화가 났다.

'짝!'

미도가 미로의 뺨을 때렸다. 너무 놀란 미로는 자신이 겪은 상황을 확인하려는 듯한 눈빛으로 지오를 쳐다봤다. 지오도 넋이 나가 있는 것은 마찬가지였다. 미도가 소리쳤다.

"너는 어쩜 그렇게 양심이 없니?!"

미로도 자신의 행동이 좀 지나쳤다는 인식은 있었다. 하지만 지금 미로의 머릿속을 가득 채운 생각은 '미도에게 맞았다'뿐이었다. 지금껏 수도 없이 다퉈 온 두 사람이었지만 뺨을 때린 적은 없었다.

"이게?!"

미도와 미로는 서로의 머리채를 잡고 싸우기 시작했다. 소란이 커지자 근처에 있던 아이들이 하나둘 창밖으로 고개를 내밀었다. 핸드폰을 꺼내 상황을 촬영하는 아이들도 있었다. 지오는 급한 대로 교복 재킷을 투우사처럼 펄럭이며 두 사람의 얼굴이라도 가려 주려 노력했다.

상처

상황이 정리된 건 그로부터 10분쯤 지나서였다. 지오는 발레부 아지트에 미도를 데리고 가 손톱에 긁힌 자리에 소독약을 발라 줬다. 아지트에는 리나가 발레 연습을 하다가 발톱을 다칠 때 쓰는 구급함이 있었다. 미도가 따끔거리는 통증에 얼굴을 찌푸리며 말했다.

"저 여기 오면 안 되는 거 아니에요?"

"메시지 보내 놨으니까 괜찮아."

지오는 아지트에 오기 전 아이들에게 양해를 구했고 리나에게 구급함을 써도 된다는 허락도 받았다. 지오는 다른 상처를 찾아 소독약을 발랐다. 깊은 상처는 없었지만, 적어도 몇 주는 흉이 남을 것 같았다.

"미로랑은… 원래 사이가 안 좋았어?"

"어떨 땐 잘 지내고, 어떨 땐 싸우고 그렇죠. 아야."

새로운 상처에 약이 닿자, 미도는 얼굴을 찌푸렸다. 자신의 얼굴이 얼마나 엉망일지 안 봐도 훤할 지경이었지만, 지금은 생각하지 않기로 했다.

"아니, 그런데 오빠는 어떻게 미로랑 저를 헷갈릴 수가 있어요?"

"어? 아니, 미로가 동물 옷을 이렇게 쓰고 있었어. 머리띠도 하고 있고…."

"오빠는 저랑 미로랑 구분하는 게 머리카락뿐이에요?"

"…아냐. 그때 다른 점들도 이상했는데, 내가 미처 의심을 못 했어. 미안해."

"어떤 점이요?"

"내가 사오정 개그를 했는데 미로는 안 웃더라고."

"어떤 거였는데요?"

지오는 미로에게 했던 사오정 이야기를 똑같이 해 줬다. '바나나 우유' 이야기가 나오기 무섭게 미도는 웃음을 빵 터트렸다.

"아하하하! 아… 오빠 덕분에 웃네요."

지오는 웃는 미도를 보며 배시시 웃었다. 분위기가 한결 누그러진 뒤, 치료를 다 받은 미도가 손으로 엉킨 머리를 풀며 지오에게 말했다.

"차라리 이란성이었으면 좀 나았을 텐데…."

일란성 쌍둥이라고 해도, 어린 시절부터 두 사람의 성격은 극과 극이었다. 미도는 차분하고 다른 사람의 설명을 주의 깊게 들었다. 어떤 일을 배우면 꼭 배운 순서대로 하려고 노력했다. 가능한 실수 없이 무언가를 하길 바랐다. 그래서 무언가를 배울 땐 그 사람의 작은 동작이나 시선까지도 놓치지 않고 보는 게 습관이 되었다.

반면 미로는 다른 사람의 말을 잘 듣지 않았다. 미로는 처음 해 보는 일도 자신이 생각하는 대로 건드려 봐야 직성이 풀렸다. 미로의 인형은 늘 이상하게 묶은 머리를 했고, 옷에는 스티커가 덕지덕지 붙어 있었다. 미도는 사인펜으로 얼룩덜룩 화장한 미로의 인형이 불쌍하기까지 했다.

두 사람이 처음 춤을 배운 건 초등학교 2학년 때 방과 후 학교 댄스 수업에서였다. 미도와 미로는 금방 춤을 익혀서 주변을 놀라게 했다. 춤에 조금 익숙해지면서 미로는 자신의 춤을 만들어 내기 시작했다. 지금껏 취향이 겹친 적이 없는 두 사람이었지만, 미로의 춤만큼은 미도의 마음에 쏙 들었다. 그래서 미도는 미로의 동작에 맞춰 춤을 췄다. 두 사람이 춤을 추는 모습은 모두를 감탄하게 했다.

그러던 어느 날, 댄스 수업에서 '자유롭게 춤추기'가 주제로 나왔다. '화가 났다' '즐겁다' 같은 키워드와 음악에 맞춰 자유롭게 움직이는 시간이었다. 미로는 곧장 땅을 구르고 뛰어오르며 자신을 표현했다. 모두가 미로의 춤에 사로잡혀 있을 때, 미도는 자신 안의 공허와 마주했다. 미도는 미로가 추고 있는 동작 외엔 어떤 동작도 떠오르지 않았다. 자신이 본 적 없는 춤은 출 수 없다는 걸 그제야 알았다. 그날 이후 미도는 조금씩 춤에 대한 흥미를 잃었다. 자신은 '살아 있는 거울' 그 이상도 이하도 아니라고 생각했다. 그러나 1년쯤 지난 어느 날, 미도는 사고로 머리를 다쳤고, 심하게 움직이면 머리가 울린다는 핑계로 댄스 수업에 나오지 않았다.

그 뒤에도 미도와 미로는 표면상으로 좋은 관계를 유지했다. 미도가 머리를 기르고, 공부에 열중하는 동안에도 미로는 아이돌의 꿈을 포기하지 않았다. 그러던 어느 날 미로가 미도에게 말했다.

"야! 이것 봐! 합격이야! 언제든 마음 정하면 연락 달래!"

"정말? 축하해!!"

"…그런데 한 가지 조건이 있어. 너도 같이 가야 해."

"어?"

"내가 나보다 더 잘하는 쌍둥이가 있다고 했더니 이 명함을 줬거든."

미도는 눈앞이 캄캄해지는 기분이었다. 이제 미로와 똑같이 춤추기도 어려운데, 더 잘 추는 건 어떤 건지 상상조차 되지 않았다. 오디션장에서 자신이 받게 될 기대와 비교의 시선을 생각하니 미도는 벼랑 끝에 선 것처럼 다리가 떨렸다.

"나는 못 해, 나는 할 수 없어."

그날부터 미로는 몇 달이나 미도에게 울고불고 매달렸다. 하지만 미도는 자신의 앞길을 위해 감당 못 할 말을 하며 책임을 뒤집어씌우는 미로가 너무나 미웠다.

"저는 기계로 치면 복사기 같은 거예요. 아무리 복사를 잘해도 원본을 넘을 수는 없겠죠."

말을 마친 미도의 눈에서 눈물이 흘렀다. 미도가 이런 마음을 누구에게 드러낸 건 이번이 처음이었다. 묵묵히 그녀의 말을 듣고 있던 지오가 말했다.

"미로를 참 좋아하는구나?"

"네?"

예상치 못한 결론에 미도는 눈을 동그랗게 뜨고 지오를 쳐다봤다. 지오는 손끝으로 뺨을 긁적이며 답했다.

"아니 보통, 싫어하는 사람을 따라 하진 않잖아."

"…"

미도는 그런 생각은 처음 해 본다는 표정으로 눈을 이리저리 굴렸다. 마침내 그녀는 뭔가를 깨달은 듯 허탈한 웃음을 지으며 고개를 떨궜다.

"그러네요. 저는 미로가 춤추는 모습을 참 좋아했어요."

미도는 두 손으로 얼굴을 감싼 채 소리 내어 울었다. 지오는 그녀의 어깨를 조용히 다독여 줬다.

가디언즈 포인트

인성은 인생 최고의 전성기를 누리고 있었다. 인성의 이름은 신입생 대표, 전교 1등, 골든벨, 운동회 MVP 같은 수식어와 함께 퍼져 나가 이제 그를 모르는 1학년은 없다고 해도 과언이 아니었다. 하지만 인성의 가슴엔 다른 사람에게 말할 수 없는 검은 구멍이 나 있었다. 그 구멍으로 인성의 자존감과 행복감 같은 긍정적인 감정들이 끊임없이 빠져나갔다. 친구들과 떨어져 혼자 있을 때면 그 구멍은 더욱 커졌다.

'쭉 그렇게 살아. 난 No.2지만, 넌 아무것도 아니야.'

"아니야!"

기숙사 공용 샤워실에서 물을 맞고 서 있던 인성은 순간 소리를 질렀다. 방금 들린 목소리가 얼마나 선명했는지, 인성은 샤워실 문을 열고 바깥을 살폈다. 다행히 아무도 없었다.

'쫄리면 뒈지시든가.'

'아무도 못 봤을 것 같지?'

'쥐뿔도 도움은 안 됐지만, 비번은 알려 줄게. 춤이나 열심히 춰라.'

인성은 끊임없이 들려오는 태한과 인자의 목소리에 귀를 막고 샤워실 바닥에 주저앉았다.

"난 잘못하지 않았어. 난 잘못하지 않았어…."

인성은 끊임없이 자신에게 되뇌었다.

다음 날, 인성은 친구들을 끌고 학교 매점으로 향했다.

"야, 이렇게 자주 쏴도 돼?"

"그럼, 어차피 공돈인데."

이렇게 한번 우쭐대는 시간은 인성에게 달콤한 진통제와 같았다. 자신이 했던 모든 선택은 이 우월감을 즐기기 위해서였다고 생각하면 때때로 찾아오는 공허함도 견딜 수 있었다.

간식을 고른 인성과 친구들은 계산대 줄에 섰다. 최근엔 매점을 찾는 사람이 많아 줄을 서는 게 일상이었다. 몇 자리 앞에서 계산하고 있던 2학년이 핸드폰 화면을 내밀며 말했다.

"가디언즈 포인트로 결제요."

점원 아주머니는 익숙한 동작으로 바코드를 찍어 계산을 처리했다. 그다음 학생도, 그다음 학생도 결제는 가디언즈 포인트였다. 인성이 친구에게 물었다.

"야, 가디언즈 포인트가 뭐냐?"

"어? 저거 그거라던데, 게임에서 문제 풀면 받는 보너스 점수라고."

"그걸 학교 매점에서 돈처럼 쓸 수 있다고?"

"응. 게임을 학교에서 만든 거라고 했어. 프로젝트 가디언즈? 뭐 그런 이름이었는데. 과학부 형들이 하고 있더라."

"…그래?"

인성은 턱을 쓰다듬으며 입맛을 다셨다. 그의 감이 이건 조사해 볼 가치가 있는 일이라고 속삭이고 있었다.

그날 저녁, 인성은 학교 홈페이지에서 '프로젝트 가디언즈' '가디언즈 포인트' 등의 키워드로 검색을 시작했다. 관련 글을 찾는 건 그리 어렵지 않았다. '백악기'라는 아이디를 쓰는 사람의 문제 풀이 공략까지 있었다.

"첫 번째 미션은 알칼리 금속 구슬을 물에 넣는… 이거 어째 학교의 비밀 같은데?"

조사를 계속할수록 인성의 추측은 확신으로 변했다. 백악기의 글은 늘 같은 문장으로 마무리되었다.

'혹시 링크를 분실하셨으면 아래 링크를 통해 접속해 주세요. 프로젝트 가디언즈 클리어엔 여러분의 협력이 필요합니다.'

인성은 링크를 클릭했다. 계정 만들기 단계에서 혹시 1학년은 플레이할 수 없는 게 아닐까 걱정했지만 그것도 잠시, 무사히 게임 플레이 화면으로 진입할 수 있었다.

"게임이라면 내가 또 한 게임 하지."

인성은 슈팅 게임이든, 전략 게임이든, 게임이라면 장르를 가리지 않고 잘하는 편이었다. 프로젝트 가디언즈는 실상 과학 문제 풀기에 가까웠지만, 이 또한 남들보다 앞서서 풀려면 전략이 있을 터였다. 일단 그 전략을 수행하려면 공략에 나와 있는 문제들부터 빨리빨리 해치울 필요가 있었다.

따라잡기

별다른 이변 없이 한 달의 시간이 흘렀다. 그동안 인성은 6번 미션에 도달했고, 미션 공개에 필요한 포인트는 약 110점이 남아 있었다. '백악기'가 홈페이지에 올린 공략집 덕분에 6번 미션의 공개 시점은 많이 앞당겨진 상황이었다. 인성은 모두의 관심이 기말고사에 쏠리기 시작하는 지금이 허를 찌르기에 최적의 순간이라고 생각했다.

밤 10시 정각, 기숙사 통금 시간까진 30분이 남아 있었다. 인성은 토성관 근처에 나와 미리 만들어 둔 단체 채팅방에 메시지를 올렸다.

1학년넘버1

왕위 찬탈을 시작한다

인성의 메시지에 20명의 아이들이 일제히 문제 풀기를 시작했다. 풀이 방법은 이미 공유되어 있었기에 110점이 채워지는 데는 10분도 걸리지 않았다. 곧 인성의 핸드폰에 6번 미션이 공개되었다.

MISSION 6 유리구슬과 투명 망토

천왕성관 203호 과학실1에서
보이지 않는 유리구슬을 찾으세요.

미션을 확인한 인성은 전속력으로 달렸다. 과학실로 달려가는 동안 그의 머리는 바쁘게 돌아갔다.

'보이지 않는 유리구슬이라는 게 무슨 뜻이지? 숨겨져 있는 건가?'

인성은 곧 과학실에 도착했다. 통금 시간 전에 지구관까지 돌아갈 걸 생각하면 주어진 시간은 10분에서 15분 정도였다.

'생각해라 노인성. 보이는 곳에 있는데, 보이지 않는 거야. 보인다는 건 뭐지?'

인성은 빛에 관한 과학책을 떠올렸다. 빛의 삼원색은 빨간색, 초록색, 파란색이고 나머지 빛은 이 세 가지가 적당히 섞여서 만들어진다. 우리 눈에 빨간색으로 보이는 물건은 빨간색 빛을 반사하고 나머지 빛은 흡수하는 물건이다. 만약 빨간색 물체를 초록색이나 파란색 조명 아래에서 보면 회색이나 검은색으로 보인다. 반사할 수 있는 파장의 빛이 없어 모든 빛을 흡수하기 때문이다. 유리처럼 투명한 물질은 상황이 다르다. 투명하다는 것은 가시광선의 대부분을 반사하거나 산란시키지 않고 흡수하지도 않아야 한다. 모든 물질은 원자핵과 전자 사이에 공간이 있어 빛이 파고들 수 있지만, 전자가 빛을 흡수하기 때문에 불투명하게 보인다. 하지만 물이나 유리 같은 물질의 전자는 가시광선에 있는 빛은 거의 흡수하지 않고 자외선 영역의 빛만 흡수해서 투명하게 보이는 것이다.

그렇다고 해서 투명한 물체를 아예 볼 수 없는 것은 아니다. 유리는 공기와 다른 굴절률을 가지기 때문에 비스듬히 볼수록 그 존재가 확실히 드러난다. 이런 방법이 통하지 않는 건 유리가 비슷한 굴절률을 가지는 물체 속에 있을 때다. 인성은 과학관에서 글리세린에 담긴 유리 막대를 본 적이 있었다. 유리의 굴절율은 1.52, 글리세린의 굴절율은 1.47로 거의 같아서 유리 막대를 글리세린이 담긴 통에 넣으면 녹아서 사라지는 것처럼 모습을 감췄다.

'글리세린이 바로 투명 망토구나!'

인성은 곧 투명한 아크릴 수조를 찾았다. A4 용지 상자만 한 크기의 수조엔 끈끈한 느낌의 글리세린이 4분의 3쯤 담겨 있었고, 옆엔 실험용 장갑까지 친절하게 놓여 있었다.

"좋았어!"

인성은 장갑 낀 손을 수조에 넣으려다 묘한 기시감을 느꼈다. 각종 게임으로 단련된 인성의 직감이 옆에 놓여 있던 장갑은 함정이라고 외치고 있었다. 5번 미션 때도 생각 없이 진행했다가 사망 선고를 받았다. 인성은 수조와 조금 떨어진 곳에서 약 30cm 크기의 시료 삽을 발견했다. 인성이 시료 삽을 수조에 넣자, 투명한 액체 속에서 '탁' 하고 무언가에 부딪히는 촉감이 선명하게 전해졌다. 수조 속엔 예상외로 여러 개의 물건이 들어 있는 것 같았다.

시료 삽을 이리저리 움직여 바닥에 있는 물건들을 퍼 올린 인성은 놀라지 않을 수 없었다. 유리로 된 물건들 사이엔 구슬도 있었지만 어떤 것은 성게처럼 뾰족했고, 어떤 것은 날카로운 면을 여러 개 가지고 있었다.

"악취미네."

인성의 게임 화면에 클리어 메시지가 떴다. 그리고 간단한 애니메이션과 함께 몇 가지 공지가 표시되었다.

랭킹 확인 버튼을 누르자 '1학년넘버1'이라는 인성의 아이디가 1위에 표시되었다. 2위엔 백악기, 3위엔 No.2, 4위엔 연금술사라는 아이디가 뒤를 이었다. 인성은 기대 이상의 성과라고 자축하며 과학실을 나섰다.

교훈

　다음 날, 학교는 프로젝트 가디언즈에 대한 내용으로 시끌시끌해졌다. 가장 큰 이슈는 1학년이 전체 1위를 차지한 것이었다. 인성은 아침부터 아이들에게 둘러싸여 시끌시끌한 하루를 보내고 있었다.

　"야, '1학년넘버1' 너 맞지?"

　"그럼 나 말고 누구겠냐?"

　"인성이 쩐다! 2학년들 다 발랐네?"

　"뭐, 별거 아니던데?"

　인성은 밤새 새로 열린 문제들을 푸느라 컨디션이 엉망이었지만 하늘을 나는 기분이었다. 이번에야말로 자신의 전략과 전술로 당당하게 따낸 1위라는 생각에 우쭐했다.

　"야, 기분이다! 오늘은 가디언즈 포인트로 쏜다!"

아이들을 끌고 매점으로 향하는 인성의 발걸음은 그야말로 위풍당당했다. 이렇게 상쾌하고 뿌듯한 기분을 느끼는 게 얼마 만일까. 콧노래가 절로 나왔다.

랭킹이 공개된 이후 아이들의 참여는 큰 폭으로 늘었다. 이전까지 가장 큰 목표가 가디언즈 포인트였다면 지금은 아이들의 자존심이 걸린 문제였다. 1번 미션을 깨지 못한 아이들을 '가포자(가디언즈를 포기한 자)'라고 불렀고, 2번 미션은 '심해', 3번 미션은 '가린이(가디언즈를 시작한 어린이)' 등으로 나눠 불렀다. 6번 미션 이후는 '천상계'였다. 51번 문제부터는 문제의 순서와 종류가 달라 제대로 된 공략집이 없었기 때문이다. 공부 좀 한다는 아이들은 너 나 할 것 없이 천상계를 목표로 문제를 풀었다.

70번 문제를 푼 인자는 7번 미션에서 1위를 탈환하기 위한 계획을 세웠다. 인자의 계획은 인성이 했던 것과 동일한 방법이었다. 20명의 파티원을 모은 인자는 남은 미션 포인트가 150점 이하가 되었을 때 기습 작전을 펴기로 했다. 타이밍만 잘 잡으면 24시간이 아니라 그 이상도 차이를 벌릴 수 있을 터였다.

기말고사가 가까워질 무렵 남은 포인트는 약 200점이었다. 인자는 내일이 결전의 날이 될 거란 생각에 기말고사 공부에 집중했다. 만약 이번 미션이 끝이 아니라면 80번까지 문제를 푸는 데 추가로 시간을 써야 하기 때문이다. 하지만 그날 밤, 이전과 똑같은 방식으로 기습적인 포인트 몰이가 이루어졌다. 이변을 감지한 몇몇이 인자에게 연락을 취했지만, 그땐 이미 모든 상황이 끝난 후였다.

다음 날 밤, 24시간의 쿨타임이 끝나고 미션 장소인 과학실2에 10명의 아이들이 모였다. 소위 천상계에 속한 아이들이었다. 아이들은 서로 간단한 인사를 주고받은 뒤 과학실 안으로 들어갔다. 테이블 위엔 건전지 뭉치, 집게 전선 10개, LED 칩 3개, 전류계 등이 담긴 작은 박스가 있었다.

MISSION 7 MC the Max
(전류를 최대로 만들기, Make Current to the Maximum)

다음 조건에 따라 최대한의 전류가 흐르는 회로를 완성하세요.
a. 주어진 모든 부품을 사용하세요(집게 전선 제외).
b. 모든 LED 칩은 건전지와 회로 형태로 연결되어야 합니다.

인자는 머릿속으로 몇 가지 회로를 구상했다. 옴의 법칙(V=IR)을 따라 회로에 흐르는 전류를 증가시키려면 전압을 올리거나 저항을 낮추면 된다. 현재 전압은 배터리 3개, 약

4.5V(볼트)로 정해졌으니 남은 길은 저항을 낮추는 방법뿐이다. 저항을 직렬로 연결하면 합성 저항 R=R1+R2+R3…로 점점 증가하지만, 병렬로 연결하면 $\frac{1}{R} = \frac{1}{R_1} + \frac{1}{R_2} + \frac{1}{R_3}$…이 성립하여 전체 저항은 점점 감소한다.

"나는 LED 3개를 병렬로 연결하는 게 답인 것 같아. 혹시 다른 의견 있는 사람?"

아이들은 모두 인자의 의견에 수긍했다. 정상적인 회로를 연결하면서 그 이상으로 전류를 증가시킬 방법은 없어 보였다. 인자는 배터리와 전류계 사이에 3개의 LED를 모두 병렬로 연결한 회로를 구성했다. 마지막으로 전류계와 배터리를 잇는 전선을 연결하자, 3개의 LED가 모두 환하게 빛을 내며 전류계 바늘이 중간 정도까지 올라갔다. 하지만 핸드폰 미션 창엔 아무 변화도 나타나지 않았다.

"…잠깐만."

상황을 지켜보던 나기가 박스에서 집게 전선을 꺼내 들었다. 나기는 병렬로 연결된 LED들과 같은 방식으로 집게 전선을 연결시켰다. 그러자 LED가 모두 꺼지며 전류계가 단숨에 최대치를 넘어 돌아갔다. 회로에 도선만으로 연결된 길이 존재할 경우 0에 가까운 도선의 저항과 건전지의 내부 저항만이 존재하는 회로가 완성되어 엄청난 양의 전류가 흐르게 된다. 나기는 일

부러 회로를 합선시킨 것이다. 곧 주변에 있던 모두의 핸드폰에
성공 메시지가 떴다.

> **합선 미션을 달성했습니다.**
> **모든 부품은 다시 분리하여 상자에 담아 주세요.**

　메시지를 확인한 인자는 속으로 혀를 찼다. 미션 설명엔 LED
가 회로 형태로 연결되어야 한다고 했지, 불이 들어와야 한다
는 말은 없었다. 아이들이 저마다 한마디씩 의견을 나누고 있
을 때, 날카로운 비명이 모두의 귓가를 때렸다.

　"아얏!"

　뒤를 돌아보니, 금슬이 손을 감싸 쥐고 앉아 있었다. 나기가
물었다.

　"금슬아! 무슨 일이야?"

　"아… 손을 데였어."

　금슬이 오른손을 들어 보였다. 집게손가락과 엄지손가락 끝
에 붉은 화상 자국이 선명했다.

　"빨리 찬물로 식혀!"

　나기가 금슬을 싱크대로 데리고 간 사이, 인자는 시험관 집게
를 가져다 회로를 분리했다. 합선된 회로는 뜨겁게 달아올라 집

게로 잡은 곳마다 피복이 녹아내렸다.

"…."

인자와 나기는 당황해서 서로를 쳐다봤다. 지금까지 위험 요인들은 있었지만, 대부분은 발생하기 전에 실패 판정이 나왔다. 하지만 이번엔 실제로 다친 사람이 나왔다. 게다가 다친 이유도 모든 부품은 다시 분리해 상자에 담으라는 지시를 따랐기 때문이었다. 이건 악의적인 함정이라고밖에 볼 수 없었다.

손을 충분히 식힌 금슬은 핸드폰을 꺼내 봤다. 화면은 붉게 변해 있었고 과학자는 이전처럼 바닥에 쓰러져 있었다.

> **당신은 합선 사고로 사망했습니다.**
> 부활까지 239 : 50 : 09

깜짝 놀란 아이들 몇몇이 핸드폰을 꺼내 봤지만, 사망 판정을 받은 건 금슬뿐인 듯했다. 나기는 안도의 한숨을 내쉬는 아이들을 노려보며 무언가 말하려 했지만, 금슬이 그를 말렸다. 금슬은 자신의 실수로 이곳에 모여 있는 아이들이 사망 판정을 받지 않은 것만으로 다행이라고 생각했다. 실제로 2번(황록색 기체), 3번(밸브 조작), 5번(고압가스) 미션은 한 사람이 조작을 잘못하면 같이 있던 사람 모두가 실패로 처리되었기 때문이다.

"아니, 뭐 이딴 경우가 다 있어?!"

드레싱을 마친 금슬의 손가락을 본 지수가 노발대발했다.

"안 되겠어. 당장 교장실에 따지러 가야겠어."

팔뚝을 걷어붙이고 토론실을 나서는 지수를 금슬이 가까스로 말렸다.

"너무 화내지 마. 오늘 일로 나는 앞으로 더 큰 사고를 막았다고 생각해."

"…무슨 소리야 그건?"

"오늘 일로 합선이 일어나면 어떤 일이 일어나는지 제대로 배웠거든. 만약 내가 과학자가 되어 전기를 다룬다면 그땐 더 큰 사고를 당할 가능성도 있겠지? 그러니 오늘을 떠올리며 조심 또 조심할 거야."

"아니, 그래도 이건 너무 위험하잖아?"

"…합선이 일어나면 많은 양의 전류가 흘러 열이 발생하고, 화재로 이어질 수 있다는 건 이미 알고 있었어. 하지만 손을 데기 전까지 그런 내용은 까맣게 잊고 있었어. 고작해야 건전지 몇 개라고 방심했던 거야."

금슬은 붕대로 감은 손끝을 만지작거렸다. 돌이켜 생각하면 지시문만 보고 회로에 덥석 손을 뻗어 버린 자신이 참으로 한심했다.

'지금까지 몇 번이고 위기를 넘겼는데 그런 간단한 함정에 빠지다니….'

금슬은 통과 메시지를 확인하자마자 긴장의 끈을 놓았던 것을 반성했다.

열정

   며칠 뒤, 기말고사가 모두 끝났다. 교실로 들어온 하유아 선생은 몇 가지 새로운 공지 사항을 전달했다.

   "시험 기간 동안 모두 고생 많았어. 2주 뒤인 7월 19일에 과특중 첫 문화제가 열릴 거야. 문화제 전까지 금성관 대강당에 있는 '소망의 나무'에 소원을 거는 행사가 있으니까 꼭 한번씩 방문해 보고. 메모지에 소원을 적은 사람들에겐 과특중 기념품 세트를 선물로 줄 거야."

   "문화제 때 연예인 와요?!"

   뒷줄에 앉아 있던 학생 하나가 손을 들고 외쳤다. 하유아 선생은 교무 회의에서 전달받은 안내장을 뒤적였다.

   "아까 분명 그런 내용이… 아, 여기 있네. 걸그룹 '뉴토니안'과 아이돌 그룹 'mRNA'가 올 예정이야."

순간 교실이 떠나가도록 함성이 울렸다. 아무리 아이돌에 관심이 없다고 해도 두 그룹의 이름조차 모를 수는 없었다.

"자자- 모두 진정하고."

"와아아아아아-!!!"

하유아 선생이 아이들을 진정시키고 있을 때, 바로 옆 반에서 똑같은 함성이 벽을 뚫고 들려왔다. 옆반 아이들도 뒤늦게 문화제 소식을 전해 들은 모양이었다. 잠잠해질 만하면 여기저기서 울리는 함성 탓에 종례는 평소보다 2배 이상 걸렸다.

특별활동 시간, 미리 와서 스트레칭을 마친 미도는 바에서 몸을 풀었다. 언제나 이미지로 삼는 자세는 백화란 선생의 시범이었다. 손가락이 벌어진 각도, 발끝을 돌린 정도, 골반의 각도와 어깨선까지 자신의 모든 자세를 하나하나 표본에 맞춰 정렬시킨다.

미도의 동작을 보는 리나의 얼굴이 조금 어두워졌다. 발레를 시작한 지 이제 3개월 된 미도의 자세는 누가 봐도 흠잡을 데 없는 수준이었다. 미도가 발레하는 모습을 보면 자신은 발레에 재능이 없다는 생각마저 들었다. 리나에게 발레는 손끝부터 발끝까지 동작 하나하나를 무의식적으로 할 수 있을 때까지 반복해서 마침내 흐트러진 곳 없는 동작을 만들어 내는 퍼즐 같은 것이었다. 그것을 미도는 3D 프린터로 찍어 내듯이 한 번에 완성했다.

근력 운동 시간에 미도와 리나는 짝이 되었다. 엎드려 누운 자세에서 상대방이 발목을 눌러 주면 허리를 뒤로 젖혀 올라오는 동작이었다. 리나가 두 손을 머리 위로 O 모양을 한 채 상체를 번쩍 끌어 올리자, 발목을 잡고 있던 미도가 감탄했다.

"와, 언니 대단해요. 저는 아무리 해도 안 올라가던데."

"아직 근육이 약해서 그래. 조금 더 연습하면 될 거야."

"저는 무리일 것 같아요. 하하하."

리나는 미도에게 조금 화가 났다.

'이제 고작 몇 번이나 해 봤다고…!'

하지만 한편으로는 부러운 마음도 들었다. 자신 정도의 근력이나 유연성은 체계적으로 훈련하면 누구나 손에 넣을 수 있는 수준이었다. 열네 살은 발레를 시작하기에 늦은 나이였지만, 미도가 가지고 있는 장점들은 그것들을 상쇄하기에 충분했다.

"넌 대신 보는 눈이 좋잖아. 조금만 더 하면 금방 늘 거야."

"이건 그냥 흉내 내기잖아요."

"흉내 내기가 어때서? 정말 아름답게 춤추고 싶다면 흉내 내기는 당연한 거야. 하고 싶은 대로 해서 백화란 선생님보다 더 아름답게 춤출 수 있을까? 몇백 년 동안 다듬어진 방법을, 몇

십 년 동안 갈고 닦은 사람보다? 난 아니라고 생각해."

"…."

미도는 머리를 한 대 맞은 기분이었다. 지금까지 잘 따라 하는 것도 능력이라고 말해 준 사람은 많았지만, 따라 하는 게 당연하다고 말하는 사람은 리나가 처음이었다.

"나는 백화란 선생님을 따라갈 거야. 그리고 먼 훗날 언젠가, 그 길의 끝에서 한 걸음 더 나아갈 수 있다면 그보다 행복한 일은 없을 거야."

미도는 리나의 뒷모습밖에 보이지 않았지만, 그녀의 표정이 확신으로 차 있음을 느낄 수 있었다. 리나는 백화란 선생과 있는 시간 동안 자신이 따라 할 수 있는 모든 것을 따라 할 생각이었다. 잃어버린 3년을 메꾸는 방법은 그것뿐이라고 늘 생각했다. 하지만 진짜 목표는, 자신의 춤으로 새로운 한 걸음을 내딛는 것이었다. 발레는, 아니, 인류가 이루어 온 문명은 대부분 그렇게 발전해 왔기 때문이다.

며칠 후, 미로는 아지트에서 아이들과 실랑이를 하고 있었다.

"이렇게 하는 쪽이 더 멋지잖아?"

"그렇게 동작 바꾼 게 대체 몇 번짼지 알아?"

문화제 때 함께 춤추기로 한 레미가 머리끈을 풀며 말했다.

"좋은 아이디어가 있으면 해 볼 수 있는 거 아냐?"

"그것도 한두 번이지. 익숙해질 만하면 바꾸고, 또 익숙해질 만하면 바꾸고. 네 변덕에 맞추는 것도 이제 지긋지긋해."

"맞아."

로라도 레미의 말을 거들었다. 두 사람의 머리는 이미 땀에 흠뻑 젖어 있었다. 미로는 당황스러운 표정으로 물었다.

"그렇다고 원래 춤을 그대로 출 순 없잖아?"

"아— 그게 왜 안 되는데?"

"설마 너네 생각도 그래?"

미로는 태한과 인성에게 물었다. 두 사람은 말없이 어깨를 으쓱해 보였다. 태한은 아지트에서 적당히 춤추고 노닥거리며 미로와 친해질 생각이었는데, 이젠 그녀의 연습 타령에 귀가 따가울 지경이었다. 인성도 최근엔 프로젝트 가디언즈에 신경 쓰기 바빴다. 미로는 답답한 마음에 소리쳤다.

"뉴토니안이랑 mRNA한테 우리 춤을 보여 줄 기회잖아!"

"야, 게네가 우리 무대를 보겠냐? 공연 시간 딱 맞춰 와서 노래 하나 부르고 갈걸?"

"혹시 모르지!"

"어, 그래그래, 뉴토니안이 우리 무대 보더니 감동의 눈물을 흘리고 매니저는 명함을 주고…. 캬~ 영화 한 편 뚝딱이네."

태한이 키득거리며 말했다. 다른 아이들도 웃음을 터트렸지만, 미로만은 웃지 않았다.

"너는 그렇게 비꼬는 게 멋있다고 생각해?"

"비꼬는 게 아니라 네가 꿈 같은 소리를 하는 거야. 애초에 진짜가 오는데 누가 우리 춤에 관심이나 주겠냐?"

"너희 모두 그렇게 생각해?"

미로는 아이들을 돌아봤다. 말은 안 했지만, 모두 태한의 말에 동조하는 분위기였다. 미로가 외쳤다.

"그만두고 싶은 사람은 지금 그만둬. 난 혼자라도 출 테니까."

가장 먼저 뒤돌아선 건 인성이었다. 그에겐 방송댄스부보다 자신의 입지를 확고히 할 다른 수단이 있었다. 무엇보다 방송댄스부에서 태한과 계속 비교당하는 상황이 마음에 들지 않았다.

'들러리는 사양이야.'

인성이 떠나자, 레미와 로라도 그를 따라 돌아섰다. 미로는 마지막 남은 태한을 바라봤다. 태한은 잠시 고민했지만, 이내 발걸음을 돌렸다. 미로가 다급하게 외쳤다.

"야, 너만큼은 춤에 진심인 거 아니었어?"

"…난 그런 거 좀 별로라서."

"춤이 별로라고?!"

"아니. 최선을 다하고, 목숨을 걸고…. 그랬다가 실패하면 괜히 내 바닥만 드러나잖아? 뭐든 적당히 해 보고 안 되면 내 일이 아닌가 보다, 하는 게 정신 건강에 좋아. 너도 괜히 나중에 실망하지 말고 적당히 해."

그것은 태한이 자신을 보호해 온 방법이었다. 최선을 다하고 2등을 한 것보다 티 안 나게 공부하며 적당히 상위권에 들었을 때 주변의 평가는 훨씬 높았다. 마음만 먹으면 1등도 문제가 아닐 거라며 모두가 그를 천재라고 추켜세웠다. 춤도, 운동도 마찬가지였다. 하지만 미로는 태한의 생각에 동의할 수 없었다.

"너는⋯ 그럼 평생 그렇게 살 거야?"

"내가 어때서?"

"언제나 그렇게 어중간하게, 도망칠 준비나 하면서."

"이런 건 각을 잘 본다고 해야지."

"나는 내가 원하는 곳까지 앞만 보고 달릴 거야. 아무리 힘들어도 최선을 다해 달릴 거야."

"그러다 넘어지면?"

"다시 일어나서 갈 거야."

"와– 나 방금 닭살 돋았어. 너 그렇게 오글거리는 거 진짜 안 쪽팔려?"

미로가 분함에 이를 악물고 있는 사이, 태한은 주머니에 손을 넣은 채 운동화를 끌며 자리를 떠났다.

왜곡된 기억

　미로는 아지트에서 혼자 연습을 계속했다. 머릿속에서는 새로운 동선과 안무가 계속 떠올랐다. 하지만 혼자서는 그 동선들을 확인해 볼 수 없었다. 무엇보다 친구들이 돌아온다는 보장도 없었다. 흔들리는 감정에 머릿속이 복잡해지자 미로는 스텝이 엉켜 바닥을 굴렀다. 미로가 바닥에 누워 가쁜 숨을 몰아쉬는 동안에도 음악은 계속해서 흘러나왔다.

　〈그냥 흘러가는 일에 질렸어. *Turbulent flow*에 날 맡겨. 오, *Upside down* 모두 뒤엉켜 버려. *I'm in turbulence. I'm in turbulence.*〉

　바로 얼마 전까지 가장 좋아하던 노래 가사가 사뭇 다른 의미로 다가왔다. 지금 자신은 사납게 요동치는 난류를 타는 게 아니라 소용돌이에 빠져 가라앉는 것 같았다. 문득 서러운 기분이 복받치는 순간 블루투스 스피커에서 나오던 음악이 멈추고 핸드폰 벨소리가 울렸다. 엄마였다.

〈우리 딸, 어떻게 지내?〉

"잘 지내지, 뭐."

〈그런데 목소리가 왜 이렇게 가라앉았어?〉

"아 몰라, 그냥 다 짜증 나."

〈미도랑 또 싸웠니?〉

"아니거든요?"

〈전에 미도랑 축제 때 춤춘다더니, 그게 잘 안 풀렸구나?〉

미로는 엄마와의 마지막 통화를 떠올렸다. 방송댄스부 아지트에 있는 TV와 소파를 교장실에 반납하고 댄스 연습용 장판과 거울을 받았던 그날이었다.

"아, 몰라! 엄마는 만날 미도 얘기만 하고!"

〈에휴, 네가 이해해라. 미도는 네가 너무 잘 추니까 같이 추기가 겁난다더라.〉

"무슨 말도 안 되는 소리래? 미도가 춤을 얼마나 잘 추는데."

미로는 콧방귀를 뀌었다. 미도는 미로가 아는 사람 중에서 가장 춤을 잘 추는 사람이었다. 브레이크 댄스나 곡예 수준의 유연성을 요구하는 춤이 아니라면, 미도는 몇 번 보는 것만으로 그 동작을 고스란히 따라 했다. 미로는 춤 좀 춘다는 친구들과 몇 번이나 크루를 만들어 활동했지만, 미도만큼 빠르게 춤을 익히는 사람은 없었다.

"나무에서 한번 떨어진 뒤로 사람이 변했어. 갑자기 쭈그러들어서는…."

〈응? 미로야, 너 뭔가 잘못 기억하고 있는 거 아니니?〉

"맞잖아. 그때 머리 다친 뒤로 댄스부도 그만두고."

〈그때가 그때인 건 맞는데, 나무에서 떨어진 건 너였지. 미도는 너 받아 주다가 다친 거고.〉

"…?"

미로는 혼란에 빠졌다. 미로의 기억 속엔 나무를 타는 미도를 바라보는 기억이 선명하게 남아 있었다. 미도는 만화에서 나온 것처럼 가지에서 가지로 건너뛰기를 시도하려 했다. 하지만 나뭇가지는 생각보다 멀었다. 결국 가지를 붙잡지 못하자 관성으로 빙글 돌아간 몸은 머리부터 떨어졌다. 이것이 미로가 기억하는 사고였다.

〈생각을 해 봐. 미도 걔가 나무를 타겠니? 옷 더러워진다고 질색하지.〉

엄마의 말에 미로는 머리가 깨질 듯한 두통을 느꼈다. 불현듯 나무 위에 있는 자신을 걱정스러운 모습으로 올려다보는 미도의 모습이 떠올랐다. 간신히 잡았던 나뭇가지가 튕기듯 빠져나가던 촉감이 기억났다. 이대로 죽는다고 생각했는데, 생각보다 별일 없이 자리에서 일어날 수 있었다. 대신 옆엔 쓰러진 미도가 있었다. 미도의 몸은 힘없이 축 늘어져 있었고, 구불구불한 나무뿌리를 따라 붉은 피가 흘러내렸다.

'미도야? 야…!'

미로는 미도를 일으켰지만 그녀는 눈을 뜨지 않았다. 길게 찢어진 상처에서 붉은 피가 울컥울컥 흘러나왔다.

"악!!"

미로는 단말마의 비명을 지르며 핸드폰을 떨어트렸다.

〈여보세요? 미로야, 미로야! 괜찮니?!〉

전화기 너머에서 들려오는 엄마 목소리에 미로는 간신히 정신을 차렸다. 미로는 떨리는 손으로 핸드폰을 집어 들고 말했다.

"엄마, 나 미안해서 어떡해…? 미도한테 미안해서 어떡해?"

분명 처음엔 고맙고 미안했다. 하지만 갑자기 빛을 잃은 듯한 미도의 표정에 죄책감이 자꾸만 커졌다. 미도가 댄스부를 그만두고 같이 춤을 추지 않게 되면서 죄책감의 크기는 어느덧 마음에 담을 수 있는 크기를 넘어 버렸다. 그 무게를 도저히 버틸 수 없던 미로는 어느 순간부터 기억을 수정했다. 미도는 혼자 나무를 타다가 떨어졌다고.

밤 9시 40분. 미도는 벽에 걸린 시계를 걱정스러운 표정으로 처다봤다. 미로가 종종 늦게 들어온 날은 있었지만 이렇게 늦게 들어온 적은 없었다. 연락을 할까 망설이던 미도는 점퍼를 걸치고 밖으로 나왔다. 미로가 말했던 아지트에서 그녀의 모습만 확인하고 돌아올 생각이었다.

미도가 수성관에 도착하자 불이 켜져 있는 창문은 하나뿐이었다. 미도는 발소리가 나지 않게 조심하며 복도를 걸어갔다. 댄스 연습실이라고 했는데 왜 음악 소리도, 말소리도 나지 않는 걸까? 미도는 조금 으스스한 기분이 들어 앞섶을 여몄다.

문에 있는 작은 창으로 들여다본 실내엔 미로가 혼자 덩그러니 앉아 있었다. 주변에 다른 사람의 모습은 보이지 않았다. 불안한 마음이 든 미도는 가볍게 노크를 하고 연습실 안으로 들어갔다. 그때까지도 미로는 미동조차 없었다.

"…미로야? 너 여기서 혼자 뭐 하고 있어?"

미도의 목소리에 미로는 천천히 고개를 들었다. 퉁퉁 부은 두 눈은 붉게 충혈되어 있었다. 미도는 황급히 미로의 양팔을 잡고 재촉하듯 물었다.

"왜 그래? 무슨 일 있었어?"

"미도야…."

미로의 눈에서 다시 눈물이 솟아올랐다. 미도는 미로의 어깨를 안아 주었다.

"난 또 뭐라고."

미로의 이야기를 듣고 미도는 안도의 한숨을 내쉬었다.

"그것 때문에 그런 거 아니니까 신경 쓰지 마."

"그럼 대체 왜 그랬던 건데?"

미로가 원망스러운 얼굴로 물었다. 미도가 춤을 그만둔 게 자기 탓이 아니라는 건 다행이었지만, 왜 갑자기 춤을 그만둔 건지 영문을 알 수 없었다. 미도는 눈을 감은 채 한숨을 쉬었다.

'내가 지오 오빠였다면 지금 내 마음을 솔직히 말할 수 있을 텐데.'

미도는 자신이 미로의 춤을 베끼는 게 싫었다. 마치 답안지를 보고 옮겨 적는 것 같은 그 과정이 마음에 들지 않았다. 하지만 지금은 그 이유를 안다. 미로의 춤은 너무나 기발하고 아름다웠다. 한번 보고 나면 다른 생각은 할 수 없을 정도로, 미도는 미로의 춤에 반했다. 하지만 지금 와서 이런 말들을 하기에 둘의 관계는 복잡했다.

"요즘은 어떤 춤 춰?"

"어? 뉴토니안의 〈Turbulence〉를 추고 있어."

"한번 보여 줄래?"

"그냥 유튜브로 봐."

"싫어. 난 네가 추는 게 보고 싶어."

미도의 말에 잠시 망설이던 미로는 핸드폰을 꺼내 음악을 틀었다. 경쾌한 노래가 연습실 안에 울렸다.

"원래 춤이랑 좀 다른 느낌으로 바꿔 봤는데…."

미로는 잠시 감정을 가다듬은 뒤 힘차게 스텝을 밟았다. 미로의 춤에선 뭐라 표현할 수 없을 만큼 강한 자기주장이 느껴졌다. 어떨 땐 한없이 흥겨워 보이다가도, 어떨 땐 몸 안에 다 담을 수 없는 에너지를 춤으로 쏟아 내는 사람의 몸부림처럼 보이기도 했다. 고통스러워 보이면서도 시원해 보였고, 화가 난 듯하면서도 매혹적이었다. 미도는 리나가 했던 말을 다시금 떠올렸다.

'하고 싶은 대로 해서 백화란 선생님보다 더 아름답게 춤출 수 있을까? 몇백 년 동안 다듬어진 방법을, 몇십 년 동안 갈고 닦은 사람보다?'

미도는 비로소 자신이 미로처럼 춤출 수 없는 이유를 알았다. 미로와 자신은 춤에 대해 고민하고 바쳐 온 시간이 달랐다. 아주 어린 시절부터 쌓인 시간의 격차는 이제 흉내 내기조차 어려운 지점까지 멀어져 있었다.

"이런 느낌이야."

음악이 끝나고 미로가 속이 후련해진 표정으로 호흡을 가다듬었다. 미도는 방금 본 미로의 동작을 머릿속에서 여러 번 복기하며 세부 사항들을 조율했다. 스텝의 방향과 리듬, 시선과 손끝 처리, 박자를 밀거나 당겨 쓰는 타이밍까지. 곧 생각을 정리한 미도는 머리칼을 고무줄로 묶고 미로와 마주 섰다.

"…."

두 사람은 아무 말이 없었지만, 입가엔 여러 의미가 담긴 미소가 떠올랐다. 미로는 다시 음악을 틀었다. 둘은 동시에 안무를 시작했다. 마치 거울을 보고 춤을 추는 듯한 기묘한 감각에 미로는 전율을 느꼈다. 두 사람은 계속해서 춤을 췄다. 미도와 미로는 서로의 눈동자 속에서 자신을 봤다.

'역시 미로는 대단해.'

'역시 미도는 대단해.'

미도와 미로는 지금껏 서로에게 하지 못한 모든 말을 털어놓듯, 그렇게 한참 동안 춤을 췄다.

소망의 나무

다가온 주말, 나기와 리나는 소망의 나무를 찾았다. 소망의 나무는 금성관 강당 한가운데 놓인 나무 모양의 조형물로, 가지엔 종이를 걸 수 있는 고리가 이곳저곳에 달려 있었다.

"어떤 소원을 적을 거야?"

"음…."

고민하던 리나는 '앞으로도 발레를 계속할 수 있게 해 주세요. -방리나'라고 적었다.

"그럼 나도…."

나기는 펜을 들어 '리나가 앞으로 발레를 계속할 수 있게 해 주세요. -주나기'라고 적었다. 리나는 나기의 행동에 내심 감동하면서 팔꿈치로 나기의 옆구리를 쿡 찔렀다.

"아이, 뭐야! 네 소원을 적어야지."

"나는 딱히 바라는 게 없어."

나기는 쑥스러운 듯 웃었다. 그는 지금껏 뭔가를 갈망해 본 적이 없었다. 책을 읽는 것은 좋아했지만, 그건 마치 숨을 쉬는 것과 비슷한 느낌이었다. 나기가 태어나서 가장 진심을 다했던 일은 과학특성화중학교에서 친구들과 학교의 비밀을 푸는 일이 었다.

"나는 그저… 지금 이 생활이 계속되었으면 좋겠어. 과특고 도 있고, 과특대도 있어서…. 계속 지금처럼 학교의 비밀을 풀 면서 지내고 싶어."

리나는 실험 가운을 입고 캠퍼스를 뛰어다니는 나기의 모습 을 상상했다. 그 모습은 잘 어울린다는 말만으로는 부족한 느 낌이라 그녀는 '풉!' 하고 웃음을 터트렸다. 나기는 리나가 웃는 이유를 알지 못했지만, 리나가 웃으면 덩달아 웃음이 났다.

"그럼 나는 그 소원을 적을게."

리나는 메모지에 과감하게 두 줄을 긋고 '나기를 위해 과특고 를 만들어 주세요 -방리나'라고 적었다. 두 사람은 서로의 메모 를 고리에 건 뒤, 손을 잡고 물끄러미 소망의 나무를 바라봤다.

'혹시 소망의 나무가 세계수는 아닐까?'

나기는 문득 생각했다. 프로젝트 가디언즈에 나온 세계수의 종말은 12일 후였다. 그날은 문화제가 열리는 날이었다. 나기는 이 모든 게 우연이라는 생각은 들지 않았다. 나기의 생각은 첫 번째 힌트인 '모두 힘을 합쳐 축제의 날 쏟아지는 유성우를 막으세요'까지 거슬러 올라갔다.

'세계수의 멸망이 유성우 때문이라면?'

나기는 고개를 들어 천장을 바라봤다. 거대한 샹들리에가 소망의 나무 바로 위에 매달려 있었다. 나기는 샹들리에에 매달린 보석 중 별 모양의 보석들을 발견했다.

"설마…?"

"왜?"

"리나야, 저기 있는 글자, 혹시 읽을 수 있어?"

나기는 샹들리에 중심부에 있는 원판을 가리켰다. 선명하게 보이진 않았지만, 어떤 글자 모양인 것은 알 수 있었다. 리나는 눈을 찡그리고 나기가 가리킨 방향을 바라봤다.

"SS719? 어떻게 읽는 걸까? 더블에스719?"

"SS… Star Shower… 719."

"…설마?!"

깜짝 놀라는 리나에게 나기는 고개를 끄덕여 보였다. 우연으로 치기엔 너무 많은 조각이 한꺼번에 들어맞았다.

"7월 19일 문화제 날 소망의 나무 위로 샹들리에가 추락할지도 몰라."

아지트에 모여 나기의 설명을 들은 친구들은 경악했다. 금슬이 놀란 얼굴로 물었다.

"에이, 설마."

"나도 그럴 리 없다고 생각하지만, 지금 이보다 잘 맞는 가설은 없어."

금슬은 한 대 맞은 듯한 충격에 머리를 감싸 쥐었다. 나기의 가설을 안전하게 확인하는 방법은 하루라도 빨리 프로젝트 가디언즈를 클리어하는 길뿐이었다. 그런데 8번 미션이 열리려면 아직도 800포인트가 더 필요했다. 나기가 금슬에게 말했다.

"이번에도 점수가 채워질 때쯤 1학년들이 조직적으로 움직일 거야. 그럼 우리가 모아야 할 점수는 600점 정도겠지? 어떻게 하면 좋을까?"

"인자도 아이들을 모으고 있다고 들었어. 아마 500점 정도만 모아도 충분하지 않을까? 문제는 그 500점을 어떻게 모으냐인데…."

금슬은 '흠-' 하고 콧소리를 냈다. 랭킹 공개 효과도 시들해진 지금, 아이들의 참여를 유도할 마땅한 유인책이 떠오르지 않았다. 그때 지오가 의견을 냈다.

"썩 내키는 방법은 아니지만, 부정적인 감정을 활용하는 것도 방법일 것 같아."

"…예를 들어서?"

"2학년 중엔 1학년이 1위를 차지한 데 불만을 가진 아이들이 많아. 이런 갈등 상황을 자극하거나, 애한테만은 절대 질 수 없다 싶은 공공의 적을 등장시키는 거지."

"오! 좋은 아이디어인데?"

금슬의 반응에 지오는 조금 씁쓸한 웃음을 지었다. 사실 이 아이디어의 뿌리는 자신 안에 있는 부정적인 감정이었다. 그는 최근 나기나 금슬의 힘을 빌리지 않고 프로젝트 가디언즈를 플레이하느라 온갖 고생을 하고 있었다. 랭킹 18위인 그는 불과 며칠 전에 6번째 미션을 깼다. 지오의 의견을 곱씹던 금슬이 물었다.

"근데 공공의 적이라면 누굴 말하는 거야?"

금슬의 질문에 지오는 말없이 지수를 바라봤다.

"…뭔데? 왜 날 봐?"

지오의 아이디어에 따라 발레부 아이들은 몇 가지 작전을 펼쳤다. 먼저 프로젝트 가디언즈를 플레이하지 않는 친구들을 찾아 '2학년어쩔티비' '내밑으로6학년' 같은 아이디를 만들고 게임을 하도록 설득했다. 그리고 금슬과 나기가 교대로 지수에게 과학을 가르쳐 문제를 풀게 했다. 지수의 아이디는 '(근)피지수(육'이었다.

발레부의 작전은 생각보다 큰 효과를 거뒀다. 1학년에게 질수 없다는 투쟁심도 컸지만, 그보다 효과적이었던 건 지수의 랭크 진입이었다. 예전부터 아이들 사이에선 '지수 라인'이라는 표현이 뿌리 깊게 자리 잡고 있었다. 전교 꼴등인 지수는 수학만큼은 매번 평균점에 조금 못 미치는 점수를 냈는데, 이것이 '지수 라인'이라는 밈으로 자리 잡으면서 지수 라인을 넘지 못한 아이들은 다음 시험 때까지 놀림거리가 되곤 했다.

지수가 프로젝트 가디언즈를 플레이하면서 게임 안에선 새로운 지수 라인이 생겨났고, 이 라인 밑으로 밀려난 아이들은 꼬리표를 떼기 위해 악착같이 랭크를 올렸다. 수업 시간에 프로젝트 가디언즈 문제를 풀다가 경고를 받는 학생들까지 나올 정도였다.

아이들이 쉬는 시간에도 문제 풀기에 열중하고 있을 때, 공위성 선생이 교실 앞문을 열고 나타났다.

"최근 물리 문제를 질문하러 오는 학생들이 많다. 비슷한 문제를 계속 설명하는 것도 지겨우니 오늘은 유독 많은 학생이 질문한 몇 가지 문제를 설명해 주겠다. 먼저, 역학적 에너지와 운동량 보존 법칙이 결합된 문제이다. 문제에 충돌이 포함된 경우, 오직 탄성 충돌일 때만 운동량과 역학적 에너지가 모두 보존된다. 일반적인 비탄성 충돌이나, 두 물체가 하나로 합쳐지는 완전 비탄성 충돌의 경우 역학적 에너지는 보존되지 않는다. 이 경우 운동량 보존을 통해 속도를 구해야 한다."

공위성 선생은 칠판에 그림을 그리며 몇 가지 물리 문제를 풀이했다. 필기하는 아이들의 손이 바빠졌다. 풀이를 마치고 약간의 시간이 남자 공위성 선생은 흘깃 창밖을 한번 쳐다보고 말했다.

"지금까지 모든 문제는 공기 저항과 마찰력을 무시했다. 여러분이 좀 더 과학을 공부한다면 포탄 같은 투사체의 운동도 공기 저항을 포함해 계산할 수 있게 될 것이다. 그 단계를 넘어로켓이나 초음속 전투기에 도달하면 계산해야 할 문제는 끝도 없이 늘어난다. 온도, 진동, 압력, 윤활 문제를 넘어 재료의 강성에 따른 변형과 파괴까지 고려해야 한다. 아무리 잘 설계해도 제조에 따른 오차와 환경적 변수는 발생한다. 그래서 존재하는 개념이 안전 계수(Safety factor)다."

공위성 선생은 칠판에 안전 계수(SF)라는 글씨를 크게 적었다.

"안전 계수는 실제 구조물이 버티는 값과 계산상 필요한 강도의 비율이다. 로켓의 경우 안전 계수는 1.2~1.4 정도의 값을 가진다. 로켓을 설계할 땐 계산상 필요로 하는 힘보다 20~40% 더 버틸 수 있도록 만든다는 뜻이다. 이 이상의 힘을 버티는 건 단순한 낭비다. 로켓은 200%의 힘을 버틸 수 있게 만드는 것보다 조금이라도 가볍게 만드는 게 이득이기 때문이다. 실제로 산화제와 연료를 가득 싣는 추진체 탱크처럼 많은 질량을 차지하는 부품의 경우 수압으로 파괴하는 실험을 해서 150%의 힘에도 파괴되지 않으면 설계를 다시 한다."

학생들은 공위성 선생의 로켓 이야기를 좋아했다. 그 이야기들은 무척이나 현장감 있고 흥미진진했기 때문이다. 고강도 소재의 취성 파괴* 특성에 관한 이야기를 하던 중 수업이 끝나는 종이 울리자 한참 이야기에 심취해 있던 아이들 몇몇이 아쉬운 탄성을 질렀다.

---

* 어떤 재료가 소형 변형을 거의 하지 않은 채 일으키는 파괴. 유리가 깨지는 것처럼 단번에 일어나는 파괴를 이른다.

대결

시간이 흐르면서 아이들의 관심사는 온통 문화제로 넘어갔다. '세계수의 종말까지 D-4. 3709/4000' 메시지를 보며 금슬은 조급한 마음에 손톱을 물어뜯었다. 이 정도 시점이면 두 집단이 행동을 개시할 것이라는 금슬의 예측과 달리, 포인트는 좀처럼 오르지 않고 머물러 있었다. 서로 비축하고 있는 여력이 얼마인지 모르는 상황에서 이대로 눈치 싸움을 방치하면 손도 못써 보고 게임이 끝날 수 있었다. 고민하던 금슬은 나기와 함께 인자를 설득하러 갔다.

"내가 왜 그래야 해?"
교실에 있던 인자는 어깨를 으쓱하며 답했다.
"어차피 마지막 날엔 결판이 날 텐데 그 전에 괜히 건드릴 이유가 없잖아?"

"만약 다음 미션이 끝이 아니면 어떻게 할 건데?"

"그럼 어차피 무리지. 미션에 필요한 포인트는 점점 늘어나는데, 이 시점에서 1000점 이상을 모을 수 있겠어?"

"일찍 클리어하면 만에 하나 실패했을 때 재도전 기회가 있을 수 있고…"

"실패하면 부활하는 데 열흘은 걸릴 텐데, 그럼 어차피 내 기회는 끝이잖아."

인자의 현재 랭킹은 2위라 이대로 게임이 끝나도 나기를 이기는 게 확정적이었다. 역전의 빌미를 주지 않기 위해서라도 인자는 마지막 날에 승부를 걸 생각이었다.

금슬은 분한 표정으로 지금까지의 상황을 머릿속에서 빠르게 정리했다. 스토리에서 막힌 부분을 푸는 데는 지난 사건들과 인물들의 갈등을 적절히 활용하는 게 좋은 수단임을 금슬은 수많은 독서와 습작을 통해 알고 있었다.

"나기야, 포인트를 걸고 인자랑 승부해!"

금슬이 찾아낸 인자의 역린*은 나기였다. 하지만 나기는 당황스러운 표정으로 어깨를 으쓱했다.

---

*   용의 목에 거꾸로 난 비늘이라는 뜻으로, 이 비늘을 건드리면 용이 크게 노하여 건드린 사람을 죽인다고 한다.

"우리는 걸 수 있는 포인트가 없어."

"꼭 포인트만 걸라는 법 있니?"

금슬의 자신만만한 표정에 인자가 실소하며 물었다.

"그럼 뭘 걸 건데?"

"인. 자. 야. 네. 가. 이. 겼. 어."

"…뭐?"

"역. 시. 넌. 대. 단. 해."

"지금 뭐 하는 거야?"

"네. 가. 과. 특. 중. 넘. 버. 원. 이. 다."

"아니…."

"고작 30포인트로 이 모든 말을 나기에게 들을 수 있는 단 한 번의 기회지."

금슬의 말에 인자의 눈썹이 꿈틀하고 움직였다. 인자는 고개를 홱 돌려 나기를 노려봤다. 나기는 조금 당황한 표정으로 다시 한번 어깨를 으쓱해 보였다. 인자는 애써 태연한 표정을 지으며 책상 밑에서 주먹을 꾹 거머쥐었다.

"방금 그 말 토씨 하나 빼놓지 않고 그대로 해야 할 거야."

첫 번째 종목은 큐브 맞추기였다. 나기가 큐브 맞추기를 종목으로 골랐을 때, 인자는 속으로 터져 나오는 웃음을 참느라 힘이 들었다. 나기의 큐브를 손에 넣은 이후 여러 큐브 이론과 공식을 독파한 인자였다. 평범한 3×3 큐브라면 10여 초 정도면 맞출 수 있을 정도였다.

홍미진진한 대결 소식을 듣고 모여든 아이들 사이에서 나기가 인자에게 말했다.

"10초간 큐브를 섞어 상대방한테 줘. 그리고….."

"그리고?"

"큐브를 확인한 후엔 눈을 감고 큐브를 맞추는 거야."

나기의 말에 주변 분위기가 술렁였다. 눈을 감고 큐브를 맞추는 건 인터넷에서나 볼 수 있는 일이라고 생각했기 때문이다.

"눈을 감고 맞춘다고? 실눈 뜨고 맞추려는 거 아냐?"

인자의 말에 금슬이 옆에 있던 파일철을 집어 들었다.

"큐브를 확인하면 내가 이걸로 눈을 가릴게. 그럼 됐지?"

인자는 금슬의 손에서 파일철을 낚아챘다. 불투명한 재질의 파일철엔 프린트까지 여러 장 끼워져 있어서 눈을 가리기엔 충분해 보였다.

"아니, 넌 저쪽으로 떨어져 있어. 눈은 내가 가릴 거야."

금슬이 고개를 끄덕이자 인자는 책상 밑에서 재빠른 손놀림으로 큐브를 섞었다. 인자가 섞인 큐브를 내밀자, 나기는 20초 정도 꼼꼼하게 큐브를 기억한 뒤 고개를 끄덕였다.

"시… 작!"

구경하던 아이들이 일제히 핸드폰에 있는 스톱위치를 작동시켰다. 인자가 파일철로 나기의 눈앞을 가렸다. 금슬은 책상 2개 정도 떨어진 곳에서 두 사람의 모습을 걱정스럽게 쳐다봤다.

나기는 어린 시절을 떠올렸다. 시상식장에서 큐브를 잃어버린 후 나기는 몇 번이고 머릿속에서 큐브를 섞고 맞췄다. 수천 번, 수만 번을 반복하는 동안 찾아낸 조합들은 어느덧 하나의 공식처럼 각인되어 있었다. 지난번에 인자에게 돌려받은 큐브를 맞춰 보며, 나기는 그때의 기억들이 여전히 남아 있다는 데 스스로 놀라던 참이었다.

인자는 몇 번이고 나기의 얼굴과 큐브를 번갈아보며 인상을 찌푸렸다. 서툰 손놀림이었지만, 큐브는 착실하게 완성을 향해 가고 있었다.

"51초 2!"

지켜보던 아이들이 탄성을 질렀다. 아이들은 방금 찍은 동영상을 친구들에게 공유하며 중계하기 시작했다. 순식간에 교실은 발 디딜 틈이 없을 만큼 구경꾼들로 가득했다.

인자의 순서가 되었다. 인자는 축축해진 손바닥을 허벅지에 문질러 닦았다. 눈 감고 큐브 맞추기는 몇 번이나 해 봤지만, 성공률이 100%는 아니었다.

'할 수 있다. 할 수 있다 이인자.'

인자는 큐브를 받아 들고 각 면을 꼼꼼히 확인했다. 나기와 마찬가지로 20초 정도 큐브를 살펴본 인자는 눈을 감고 빠르게 손을 놀렸다.

'지금 몇 초나 지났지? 아냐, 그런 생각하지 마. 제대로 한다면 반드시 이길 수 있어. 집중하자, 집중!'

잠시 후, 인자는 '탁!' 소리가 나도록 큐브를 책상에 내려놓았다. 하지만 아무도 기록을 외치지 않았고, 몇몇 아이들의 안타까운 신음소리가 교실에 흘렀다.

인자가 신경질적인 손길로 눈앞을 가린 파일철을 치우자, 두 개의 블록 자리가 서로 엉켜 있는 게 보였다. 불과 몇 번만 더 움직이면 위치를 바꿀 수 있는 조합이었다. 시간은 고작 20초를 조금 넘기고 있었지만, 파일을 치운 시점에서 경기는 끝난 것이었다.

"아악!"

인자는 분함과 자신에 대한 실망으로 짧은 고함을 내질렀다. 조금만 더 차분하게 집중했다면 따 놓은 당상인 승리를 눈앞에서 놓친 것이다.

"다시 한 판 해!"

"네~ 재도전은 30포인트입니다."

금슬의 얄미운 중개에 인자는 뿌득 소리가 나게 이를 갈며 파티원들이 모여 있는 단체 채팅방에 메시지를 보냈다. 불과 몇 분 되지 않는 시간에 포인트는 30점이 더 모였다.

두 번째 큐브 대결은 인자의 압승이었다. 나기도 기록을 단축시켰지만 오랜 시간 단련된 인자의 손놀림을 바로 따라잡을 수는 없었다.

"역시 대단하다. 인자야 네가 이겼…."

"아니!! 이제 일대일로 비겼으니까, 다음 승부에서 내가 이겨야 진짜 이긴 거야. 종목은 네가 골라!"

"…어?"

그렇게 두 사람은 체스, 젠가, 알까기 경기를 이어 갔다. 나기가 한 번 이기고, 인자가 따라잡는 상황이 반복되자 인자는 약이 오르다 못해 화가 날 지경이었다. 시합을 거듭할수록 관중들도 점점 늘어나서 이젠 운동장에 나와서 시합을 해야 하는 상황이었다.

3승 3패 상황에서 다음 대결은 '소수 369'였다. 이것은 나기와 인자가 동의해 만들어진 게임으로 369를 하는 도중에 소수가 나오면 '소수!'를 외치는 게임이었다. 만약 3, 6, 9가 들어간 소수라면 '소수!'도 외치고 그 개수만큼 손뼉도 쳐야 했다.

"소수!" '짝짝!'(269)

"270."

"소수!"(271)

"272."

'짝!'(273)

말도 안 되는 규칙이라고 생각했던 게임이 곧 300대를 앞두면서 구경하던 아이들은 손에 땀을 쥐었다. 심판을 맡은 금슬은 숫자 카운트 앱과 소수표를 동시에 띄워 놓고 두 사람의 대결을 지켜보고 있었다.

'짝!'(298)

'짝짝!'(299)

'짝!'(300)

마침내 게임은 300을 넘어섰다. 이런 369 대결을 보는 것은 처음이었다. 숨소리조차 잦아든 분위기 속에 두 사람이 손뼉을 치는 타이밍은 점점 더 빨라졌다.

"소수!" '짝짝!'(397)

'짝짝!'(398)

'짝짝짝!'(399)

"400!"

길고 긴 300대의 터널을 지나 인자가 마침내 400을 외쳤다. 그제야 아이들은 참았던 숨을 크게 한번 내쉬었다.

"소수!" '짝!'(401)

바로 다음 순간, 401에서 소수를 외치던 나기가 동시에 작은 소리로 손뼉을 치고 말았다. 100번 이상 박수를 거듭하다 나온 반사적인 실수였다.

"그렇지-!!"

인자가 하늘을 향해 포효했다. 4승 3패로 인자가 처음으로 나기를 앞선 순간이었다. 팽팽하게 당겨져 있던 긴장의 끈을 놓자 혈액 속을 가득 채우고 있던 아드레날린에 온몸이 부르르 떨려 왔다. 이런 전율을 느낀 건 태어나서 처음이었다.

"봤냐?! 봤냐고! 하!"

인자는 마치 다른 사람이 된 것처럼 친구들과 하이파이브를 하거나 거칠게 가슴을 부딪치며 승리의 기쁨을 만끽했다. 나기에게 듣기로 했던 말 따위는 관심도 없는 표정이었다. 누군가는 인자가 금슬의 꾀에 넘어갔다고 수군거렸지만, 인자는 한 치의 후회도 아쉬움도 없어 보였다.

최고의 스릴

목표 포인트가 50점 앞으로 다가오면서, 아이들은 비상 연락망을 구축하고 결전의 순간을 대비했다.

문화제 전날인 새벽 6시, 곤히 자고 있던 나기는 금슬의 전화에 눈을 떴다. 금슬이 다급한 목소리로 외쳤다.

⟨미션 열렸어! 화성관으로! 빨리!⟩

누군가가 마침내 출발선을 끊었다. 먼저 일어난 아이들은 친구들을 깨워 미션 장소로 향했다.

┌───┐
MISSION 8-1 인체 모형에게 최고의 스릴을
└───┘

미션은 화성관에 있는 인체 모형을 들고 목성관 앞에 있는 롤러코스터 모양의 구조물인 '지혜의 고리'로 이동하는 것이었

다. 2학년 중 가장 먼저 미션 장소에 도착한 인자가 뒤따라 뛰어오는 아이들에게 외쳤다.

"인체 모형이 없어! 목성관 쪽으로!"

아이들은 모두 목성관 쪽으로 달려갔다.

"쳇! 늙어서 아침잠들이 없으셨나!"

화성관에서 달려오는 2학년들을 보며 인성은 계산을 서둘렀다. 미션은 지혜의 고리에 장착된 썰매에 인체 모형을 끼우고 낙하할 높이를 설정하는 것이었다.

고리의 직경은 10m였다. 인성은 게임 화면의 낙하 높이를 입력하는 창에 10m를 적었다. 공기 저항과 마찰에 의한 손실은 자동으로 보정된다고 쓰여 있었으니, 롤러코스터의 최고 지점에서 속도는 0이 되었다가 아슬아슬하게 코스를 넘을 것이라는 게 인성의 계산이었다.

'잠깐, 그랬다가 꼭대기에서 멈추거나 다시 뒤로 내려오면?'

입력 높이는 0.1m 단위였다. 잠시 망설이던 인성은 입력값을
10.1m로 바꾸고 확인 버튼을 눌렀다.

"빨리… 빨리…!"

다급한 인성의 마음과 달리 썰매는 레일 내부에 설치된 견인
장치에 의해 슬로프를 천천히 거슬러 올라갔다.

'탁!'

견인 장치가 풀리는 소리와 함께 썰매가 슬로프를 따라 빠른
속도로 미끄러져 내려왔다. 그사이 2학년들은 지혜의 고리 주
변으로 모여들었다.

다음 순간, 무사히 슬로프를 따라 올라가는 것처럼 보였던
인체 모형은 이내 속도를 잃고 주춤하더니 썰매에서 분리되
어 땅으로 추락했다. 썰매는 레
일에 고정되어 있는 구
조였지만, 인체

모형은 짧은 막대에 끼워져 있을 뿐이었다.

'퍼석!'

인체 모형이 머리부터 레일 위에 부딪히자 붉은 액체가 사방으로 튀었다. 충격적인 광경에 얼어 있던 아이들이 뒤늦게 비명을 질렀다.

"꺄아아아아아악!!"

혼비백산한 건 남학생들도 마찬가지였다. 잠시 후, 모두의 핸드폰에서 '퍼석!' 하는 소리와 비명 소리가 연이어 흘러나왔다. 방금 전에 들었던 바로 그 소리였다.

> 당신은 사람을 죽였습니다.
> 부활까지 239 : 59 : 45

아이들이 충격에 빠져 있을 때 인자는 성큼성큼 걸어가 인성의 멱살을 잡았다.

"너… 이 자식… 이런 식으로 함정을 파?!"

"아, 무슨 함정을 파요? 누가 따라 나오라고 했나?"

"2학년들 낚으려고 일부러 틀린 거잖아! 진짜는 어디 있어? '1학년넘버1'은 누구야?!"

인성은 핸드폰을 꺼내 인자의 눈앞에 들이댔다. 무릎을 꿇고 있는 과학자의 머리 위에 '1학년넘버1'이라는 아이디가 분명히 표시되어 있었다.

"하, 너야? 고작 이런 문제도 틀리면서 여기까지 왔다고? 웃기고 있네."

인자가 경멸하는 눈빛으로 인성을 노려보며 멱살을 잡은 손을 밀치듯 놓았다. 인성은 한 발도 물러서지 않고 인자의 말을 맞받아쳤다.

"묻어가려고 몰려오는 사람들 때문에 생각할 시간이 있어야죠."

"고리 부분을 넘기 위해선 원운동을 유지할 만큼의 속도를 가지고 있어야 해. 중력을 구심력으로 하는 원운동을 하면 $mg = m\frac{v^2}{r}$이 성립하니 $mv^2 = mgr$이 되고, 출발 지점의 위치 에너지와 고리 부분 최고점의 에너지를 비교하면 $mgh = mg(2r) + \frac{1}{2}mv^2$이 돼. 여기에 앞의 식을 대입하면 $h = \frac{5}{2}r$이 나와. 고작 이런 문제를 시간이 없어서 못 풀었다고?"

인성은 가슴 한구석이 뜨끔했다. 그는 60번 문제 이후 대부분을 대학교에 다니는 형의 도움으로 풀었다. 인성은 두 주먹을 꽉 쥐었다. 이대로 거짓말쟁이로 낙인 찍히느니 자신을 거짓말쟁이 취급한 2학년을 묵사발로 만들었다는 게 훨씬 더 괜찮은 평가 같았다.

인성이 인자에게 주먹을 날리기 직전, 인자의 뒤에 있던 금슬이 울음을 터트렸다.

"흑흑… 다 끝났어! 나기야 미안해, 내가 괜히 깨워서…!"

"아니야. 그래도 일단 미션은 열렸으니까 남은 사람들한테 희망을 걸자."

"넌 어떻게 그렇게 태연하니?"

"지금 화를 내도 바꿀 수 있는 게 없으니까."

"흐어엉…."

금슬이 울음을 그치지 않자 나기는 서툰 손길로 그녀의 머리를 쓰다듬었다. 인성의 관심은 곧장 나기를 향했다. 어린 시절을 전쟁터에서 보낸 택견 고수로, 운동회를 휩쓸었던 근육 괴물을 발차기 한 방으로 쓰러트리고 과학특성화중학교를 평정했다는 전설의 주인공이 바로 '주나기'였다.

'저게 과특중 1짱이라고?'

자신보다 10cm는 작아 보이는 나기를 보며 인성은 주먹을 쥐었다 펴며 손을 풀었다. 그런 헛소문이 어떻게 만들어진 건지는 몰라도, 이젠 자신이 그 전설을 이어받을 차례라고 생각했다. 인성이 마땅한 명분을 찾아 머리를 굴리고 있을 때 나기가 피식 웃으며 말했다.

"그래도 어이가 없긴 하네."

건수를 잡은 인성이 나기를 향해 발걸음을 옮기려는 순간, 나기가 그를 돌아보며 손바닥을 내밀었다.

"멈춰."

"…?!"

"생명은 소중히 해야지."

의도를 간파 당한 인성은 당황해서 주위를 둘러봤다. 모두가 긴장된 표정으로 자신과 나기를 번갈아 보고 있었다. 곧 일어날 참극을 기대하거나 두려워하는 표정들이었다. 인성은 처음으로 나기의 몸을 자세히 살펴봤다. 덩치가 크진 않았지만, 가슴이나 어깨에서 단련된 근육의 형태가 드러나 보였다. 지난 1년간 지수의 혹독한 트레이닝을 견디며 키운 근육이었다.

'뭐야, 그냥 범생이 아니었어?'

인성은 기선을 완전히 제압당했다. 다른 건 몰라도, 중심이 단단히 잡힌 자세나 근육만큼은 허세나 헛소문으로 설명할 수 없었다.

"…칫."

인성은 뒤로 돌아 1학년 교실 쪽으로 도망쳤다. 그가 한참 멀어진 뒤, 인자가 나기에게 물었다.

"방금 그건 뭐야?"

"발 앞에 지렁이가 있잖아."

웅성대는 분위기 속에 나기는 길 잃은 지렁이를 집어 화단에
놓았지만, 그 모습을 본 건 인자와 금슬뿐이었다. 그날 나기가
살기만으로 1학년을 쫓아냈다는 소문이 퍼져나갔고, 그가 평소
싸움을 피하는 건 상대방이 죽을까 봐 걱정되어서라는 설정이
추가되었다.

공위성 선생의 보충 수업

· 균형을 잃을 때 넘어지는 이유 ·

공위성 선생은 태양계 모형을 들고 나기네 교실로 들어왔다. 그는 평소 수업에 들어올 때 출석부조차 들지 않은 빈손이었기에, 아이들은 관심 어린 눈으로 태양계 모형을 바라봤다.

'콰당! 후두둑….'

바로 다음 순간, 공위성 선생이 교단 턱에 걸려 넘어지면서 태양계 모형은 하늘로 붕 떠올랐다가 사방으로 흩어졌다.

"나는 왜 넘어졌을까."

공위성 선생이 자리에서 일어나며 말했다. 그 모습이 너무 당당하고 자연스러워서, 아이들은 그가 넘어진 게 일종의 연출이라 생각했다. 공위성 선생과 눈이 마주친 학생이 머뭇거리다 답했다.

"…발이 걸려서요?"

"발이 걸리면 왜 넘어질까?"

"…균형을 잃어서요?"

"균형을 잃으면 왜 넘어질까?"

"아니 그건…."

학생은 당황했다. 이런 상식적인 일에 '왜?'라는 질문을 붙여 봤자 나올 만한 답변은 없다고 생각했기 때문이다. 교실이 침묵에 잠기고 몇 초 후, 나기가 손을 들고 답했다.

"균형을 잃으면 중력 방향으로 낙하하는 것에 저항할 힘을 얻을 수 없기 때문입니다."

"왜 저항할 힘이 없을 땐 중력 방향으로 낙하할까?"

"만유인력 때문입니다."

"왜 만유인력은 존재할까."

"…."

질문이 만유인력의 존재 이유에 다다르자, 나기 또한 말문이 막혔다.

"이렇듯, 같은 현상에 대해서 우리는 서로 다른 수준의 답을 찾아갈 수 있다. 마침내 '왜 만유인력은 존재하는가?' 같은 질문에 도달한다면, 그에 대한 답은 아직 알 수 없다. 누군가는 만유인력이 질량, 시간, 공간의 상호 작용에서 비롯했다고 생각하며, 누군가는 '중력자' 같은 입자의 영향이라 생각하고 있다."

공위성 선생은 '누군가'를 언급할 때마다 칠판에 필기체로 에릭 베를린데, 피터 힉스 같은 과학자의 이름을 적었다.

"넘어진다는 현상을 설명할 때 빼놓을 수 없는 개념이 '관성'이다. 질량을 가진 물체는 관성을 가지고 있다. 뉴턴 1법칙에서 정의된 관성은, 외부에서 작용하는 힘이 없을 때 물체는 자신의 운동 상태를 유지하려는 성질을 가지고 있다는 것이다."

공위성 선생은 자동차가 가속할 때 사람들이 뒤로 쏠리거나 급정거할 때 앞으로 쏠리는 일을 예시로 들며 생활 속의 관성을 설명했다.

"원심력 또한 관성의 일종이다. 실제 밖으로 향하는 힘은 존재하지 않기 때문에, 구심력이 없어지면 물체는 바깥 방향이 아닌, 원의 접선 방향으로 날아간다."

관성에 대한 그의 설명은 멈출 줄 모르고 이어져 어느덧 아인슈타인의 일반 상대성 이론까지 이어졌다.

"이렇듯, 관찰자의 시점에 따라 대상은 관성계에 있다고도, 가속계에 있다고도 볼 수 있는 딜레마에 빠진다. 이와 같은 사고 실험으로 아인슈타인은 어떤 결론에 도달했을까?"

아이들의 머리가 지끈거리는 소리가 울리는 듯한 교실에서 공위성 선생은 뒤늦게 자신의 실수를 깨달았다. 중학교 2학년 아이들에게 현대물리학을 설명하고 있었던 것이다. 그때 나기가 조심스럽게 손을 들고 답했다.

"기하학적 관점에서 관성력과 중력은 동등하다… 라고 생각했을 수도 있을 것 같아요."

공위성 선생은 잠시 말을 잊고 나기의 눈을 바라봤다. 나기는 자신이 엉뚱한 소리를 한 것 같다는 생각에 슬금슬금 손을 내렸다.

"정답이다. 그것이 바로 일반 상대성 이론의 핵심 중 하나인 '등가 원리'이다."

공위성 선생의 말에 나기는 안심한 듯 작은 한숨을 내쉬었다. 방금 현대물리학의 위대한 통찰 중 하나에 도달했다고 보기엔 참으로 조촐한 반응이었다.

'이 유연한 사고를 계속 지켜 갈 수 있다면…'

공위성 선생은 생각했다. 하지만 마땅한 방법이 떠오르지 않았다. 과학자의 상상력은 주변의 시선과 현실적 한계에 끊임없이 재단된다는 걸, 심지어 자신이 쌓은 지식조차 상상력의 족쇄가 될 수 있다는 걸 누구보다 잘 알고 있는 그였다. 공위성 선생은 고개를 가볍게 흔들어 상념을 털어 내고 나기에게 물었다.

"혹시 다른 질문이 있나?"

잠시 고민하던 나기는 여전히 바닥을 구르고 있는 태양계 모형을 가리키며 물었다.

"저건 어디다 쓰시려던 건가요?"

나기의 질문에 아이들은 공위성 선생이 대자로 넘어지던 순간을 떠올리고 웃음을 터트렸다. 허를 찔린 공위성 선생은 헛기침을 하고 태양계 모형을 주섬주섬 주으며 말했다.

"그건 다음 시간에 보여 주지. 기대해도 좋다."

교실 문을 나서며 공위성 선생은 결심했다. 다음 시간엔 오늘보다 더 멋진 과학의 세계를 보여 주겠다고.

최후의 용사

점심시간, 지오는 일생일대의 위기를 맞이했다.

"지오야! 너밖에 없어!"

"네가 마지막 희망이야!"

지오의 반엔 천상계 아이들이 전부 몰려와 있었다. 오늘 아침 80번 문제를 푼 11명이 전부 탈락하면서, 내일 8번 미션에 도전할 수 있는 사람은 73번에 막혀 있던 지오뿐이었다. 지오의 다음 순위는 60번대 문제를 풀고 있어 오늘 열심히 진행해 7번 미션을 깬다고 해도 5번 미션부터 다음 미션에 도전하기까지는 최소 48시간이 필요하다는 규칙에 따라 문화제 전에 8번 미션을 깨는 게 불가능했다.

'이런 상황까지 바랐던 건 아니었는데.'

지오는 마음이 복잡했다. 어차피 인자나 나기가 1등을 할 거라면 혼자 힘으로 이만큼 해냈다는 보람이라도 얻자는 게 그의 목표였는데, 졸지에 최후의 용사가 되어 버린 것이다.

"알았어, 일단 할 수 있는 데까지 해 볼게."

지오의 대답에 아이들은 저마다 가방에서 문제집이며 참고서 따위를 꺼내 지오의 책상에 쌓아 놓았다.

"나는 이 문제집이 도움이 많이 됐어!"

"나는 이 참고서를 봤어!"

지오는 거의 턱 밑까지 쌓인 각양각색의 문제집들을 보며 한숨을 쉬었다.

'여차하면 나기한테 물어보지 뭐.'

그렇게 생각했던 지오는 그날 저녁 자신의 힘으로 80번 문제까지 풀었다. 마음을 편히 먹은 것과 더불어 친구들이 빌려준 참고서가 많은 도움이 되었다. 남은 일은 내일 8-1번 미션을 깨고 미지의 8-2번 미션과 마주하는 것이었다. 문득 불안해진 지오는 핸드폰을 들고 미도에게 연락을 할까 고민했다. 자신이 마지막 남은 가디언이라고 큰소리라도 떵떵 치고 나면 당장이라도 도망치고 싶은 이 기분이 사라질까 하는 생각에서였다.

통화 버튼을 누르려던 지오의 핸드폰이 갑자기 울렸다. 깜짝 놀란 지오는 핸드폰을 떨어트릴 뻔하다가 간신히 붙잡았다. 전화를 건 사람은 미도였다.

미도와 지오는 지구관 1층에서 만났다.

"오빠!"

지오를 발견한 미도는 반갑게 손을 흔들었다. 지오는 앞머리를 한번 더 정돈한 뒤 미도에게 다가갔다.

"쉬시는데 죄송해요. 내일 무대에 선다고 생각하니 긴장돼서…."

"괜찮아. 잘할 수 있을 거야. 공연은 몇 시야?"

"축하 공연 전 마지막 순서라 5시쯤 될 것 같아요."

"응, 꼭 보러 갈게."

잠시 침묵이 흐르는 동안, 지오는 프로젝트 가디언즈에 대한 내용을 말할까 말까 망설였다. 마지막 가디언이 된 건 으쓱할 일이었지만, 이후의 결과가 어떻게 될지 모른다는 생각이 마음을 무겁게 했다. 지오의 기색을 눈치챈 미도가 물었다.

"무슨 생각 하세요?"

"아니, 그냥, 어… 예전부터 묻고 싶었던 건데, 넌 아지트를 얻으면 뭘 하고 싶었어?"

지오는 말을 돌렸다. 미도가 아지트를 원하는 이유가 궁금했던 건 사실이었다. 지오의 질문에 미도의 얼굴이 조금 붉게 물들었다. 미도는 막연하게 지오와 둘이 있는 공간을 원했다. 예쁜 찻잔과 과자가 있고, 적당한 음악이 흐르는 공간. 하지만 미도는 방금 깨달았다. 자신이 원했던 건 특별한 공간이 아니라 그저 지금처럼 함께 있는 시간이었음을.

"그냥… 좋잖아요. 아지트."

"하긴 그렇지."

"오빠는… 참 신기한 사람이에요."

"내가? 아냐, 난 그냥 평범한 1인이지."

지오는 주변에 있는 '신기한' 사람들을 떠올리며 손사래를 쳤다. 지수나 나기에 비하면 자신은 평범 그 자체에 가까웠다.

"어떻게 하면 오빠처럼 솔직하고 용기 있는 사람이 될 수 있을까요?"

"아냐, 난… 솔직하지도 않고 용기가 있지도 않아."

"전 그렇게 말하는 것도 용기라고 생각해요."

지오는 조금 부끄러운 기분에 뒷머리를 긁적였다. 미도가 작은 목소리로 중얼거렸다.

"나도 오빠처럼 솔직하게 말할 수 있으면 좋을 텐데."

"응? 어떤 걸?"

"아, 아네요. 이제 가야겠다. 오빠, 내일 공연 꼭 보러 오세요!"

미도는 도망치듯 자리를 떠났다. 긴장이 풀린 지오는 의자에 몸을 푹 기대며 한숨을 쉬었다.

다음 날 아침, 지오는 화성관에서 인체 모형을 찾았다. 플라스틱 인체 모형은 보기보다 묵직했다. 이 무게가 안에 들어 있는 핏빛 페인트 때문이라고 생각하니 어쩐지 어깨가 오싹했다. 붉은 얼룩이 선명하게 남아 있는 지혜의 고리 앞엔 이미 아이들이 모여 있었다. 아이들은 밤에 악몽을 꾼 이야기로 시끌시끌했다.

지오가 지혜의 고리에 다가서자 슬로프 위에 있던 썰매가 아래쪽으로 내려왔다. 곧이어 게임 화면에 높이를 입력하는 창이 나타났다.

"$\frac{5}{2}$r이니까 12.5m 맞지?"

지오의 말에 나기와 인자는 고개를 끄덕였다. 지오는 심호흡을 한번 하고 확인 버튼을 눌렀다. 슬로프 거의 끝까지 올라갔던 썰매가 '툭' 하는 소리와 함께 낙하를 시작했고, 아슬아슬한 느낌으로 최고점을 통과했다. 숨을 참고 지켜보던 아이들은 안도의 한숨을 내쉬었다. 곧 지오의 핸드폰에서 축하 메시지와 함께 새로운 미션이 표시되었다.

여차하면 나기와 함께 가면 될 거라고 생각했던 지오는 눈앞이 캄캄해졌다.

D-DAY

오후 2시, 싱숭생숭한 기분으로 수업을 마친 아이들은 하나
둘 금성관으로 향했다.

잠시 후 관현악부의 우렁찬 연주와 함께 문화제가 시작되었
다. 이번에도 사회를 보는 사람은 백화란 선생이었다.

"안녕하세요 여러분, 과특중 문화제에 오신 것을 환영합니다!
어느덧 소망의 나무가 여러분의 소원으로 가득 찼네요!"

백화란 선생의 말에 아이들은 금성관 가운데 있는 소망의 나
무를 쳐다봤다. 소원 카드와 조명 장식이 빼곡하게 걸려 있는
소망의 나무는 3m 높이의 투명한 플라스틱 벽으로 둘러싸여
있었다.

"여러분의 소원이 모두 이루어지는 내일을 꿈꾸며, 지금부터
본격적인 무대를 시작하겠습니다!"

첫 번째 무대는 밴드부의 공연이었다. 이후에도 악기 연주, 노래, 태권도 격파 등 다양한 무대가 이어졌다. 300명 남짓한 학생들 사이에 어쩌면 이렇게 많은 재주꾼이 숨어 있었는지 신기할 지경이었다. 리나도 문화제에 참가해서 〈잠자는 숲속의 미녀〉 3막의 오로라 베리에이션을 선보였다. 리나의 유연하고 우아한 아라베스크 자세는 발레에 관심 없는 학생들조차 홀리게 만드는 매력이 있었다.

모두가 무대 공연에 열광하고 있을 때, 지오는 금성관 4층 비상 계단에 앉아 있었다. 4층은 둥근 지붕 아래에 있는 공간으로 '기계실. 관계자 외 출입금지'라고 쓰인 철문 하나가 덩그러니 비상 계단 앞을 막고 있었다. 출입문 옆엔 QR코드를 인증할 수 있는 스캐너 불빛이 어두운 비상 계단을 희미하게 비추고 있었다. 지오는 무릎 사이에 고개를 묻었다. 무릎을 잡은 손이 땀에 젖은 게 다리에도 느껴질 정도였다.

"아아…."

지오는 두 손으로 얼굴을 감싸고 한숨을 내쉬었다. 만에 하나 나기의 말이 사실이라면? 자신이 실수하는 순간 샹들리에가 추락한다면…? 그 순간을 상상하는 것만으로 지오는 속이 울렁거려 토할 것 같은 압박감을 느꼈다. 지금 지오가 바라는 건 강당에서 안전하게 미도의 공연을 보며 응원하는 것뿐이었다. 지오는 어젯밤 미도와 나눴던 대화를 떠올렸다.

'어떻게 하면 오빠처럼 솔직하고 용기 있는 사람이 될 수 있을까요?'

'전 그렇게 말하는 것도 용기라고 생각해요.'

마음을 굳힌 지오는 자리에서 일어나 계단 아래로 달렸다.

나기는 무대를 마치고 내려온 리나와 함께 남은 공연을 보고 있었다. 리나가 무대를 향해 환호하는 동안에도 나기의 신경은 온통 샹들리에에 쏠려 있었다.

'설마 아니겠지, 아닐 거야.'

나기는 마음을 진정시키려 애썼지만, 그러기엔 지금까지 쌓인 모든 키워드가 같은 결론을 말하고 있었다. 축제의 날, 쏟아지는 유성우, SS719, 소망의 나무.

'지오야, 힘내!'

나기는 눈을 한 번 질끈 감았다 떴다. 그런데 다음 순간, 지오가 나기의 눈앞에 서 있었다. 나기는 눈을 크게 뜨고 시계를 확인했다. 시각은 4시 52분이었다. 당황한 나기가 입을 열기도 전에 지오가 그의 손을 잡아끌며 리나에게 소리쳤다.

"리나야 미안해! 나기 좀 빌려 갈게!"

지오는 비상 계단에서 나기에게 핸드폰을 내밀었다. 핸드폰 화면엔 입장용 QR코드 화면이 떠 있었다.

"이 인증 키로 1명만 입장할 수 있다고 했지만, 그게 꼭 나여야 한다는 말은 없었어. 그러니까 네가 갔으면 해."

"하지만 인증 키를 얻은 건 너잖아?"

"그러니까 나는 이 인증 키를 너에게 줄 거야. 나는 우연히 이 인증 키를 얻었지만, 이건 전교생들이 4000개의 문제를 풀어서 얻어 낸 열쇠야. 그러니까 나는 이 희망을 너에게 투자할 거야. 넌 나보다 훨씬, 훨씬 대단한 녀석이니까."

지오는 핸드폰을 거듭 나기에게 내밀었다.

"믿는다, 나기야."

"…응."

나기는 잠시 망설이다 지오의 핸드폰을 받아들었다. 나기는 계단을 올라가 그의 핸드폰을 스캐너에 댔다. 그러자 잠금 장치가 풀리며 '철컹-' 하고 묵직한 소리가 문 안쪽에서 들려왔다. 문을 열고 안으로 들어가려던 나기가 지오를 돌아보며 말했다.

"지오야, 네가 인증 키를 받은 건 우연이 아니야. 나를 포함한 모두가 순위에 눈이 멀어 몰려다닐 때, 묵묵히 너의 속도로 달려온 신념이 만들어 낸 결과야."

"…그것도 좋네."

지오는 눈시울이 시큰해지는 것을 느끼고 나기에게 손을 들어 보였다. 나기는 지오에게 고개를 끄덕여 답하고는 철문 안으로 들어갔다.

철문 안엔 또 다른 문이 있었다. 처음 들어온 문이 잠기자, 두 번째 문의 스캐너가 활성화되었다. 여러 명이 한꺼번에 문을 통과하는 것에 대비한 안전 장치 같았다. 나기는 다시 한번 QR 코드를 찍고 안으로 들어갔다.

문 안쪽에선 공위성 선생이 테이블에 걸터앉아 그를 기다리고 있었다.

"…선생님?"

예상치 못한 공위성 선생의 등장에 나기는 어안이 벙벙해서 주변을 둘러봤다. 기계실 안은 교실 절반 정도 크기에 좌우는 벽으로 막혀 있었고, 공위성 선생의 뒤편은 통유리로 되어 있었다. 유리 벽 너머로는 샹들리에가 바로 보였고, 아래쪽으로는 무대와 학생들의 모습이 한눈에 들어왔다. 실내 전체는 방음 처리가 되어 있는지 음악 소리가 희미하게 둥둥거릴 뿐이었다.

"자, 그럼 마지막 미션을 시작하지. 이번 주제는 '지행합일' 즉, 아는 대로 행동할 수 있어야 진정으로 안다는 뜻이다."

공위성 선생은 테이블 위에 있던 가림막을 치웠다. 붉은 글씨의 타이머, 작은 냄비가 놓인 핫플레이트, 물이 담긴 수조가 모습을 드러냈다. 타이머에 남아 있는 시간은 4분 30초였다. 불안해진 나기가 질문을 하려는 찰나, 공위성 선생이 평소 수업할 때와 똑같은 말투로 설명을 시작했다.

"이 타이머는 샹들리에 고정 장치와 연결되어 있다. 타이머가 다 되면 사슬이 끊어지지. 폴리카보네이트* 보호벽이 있어서 직접 다치는 사람은 없겠지만 축제는 엉망이 될 거다. 최악의 경우 놀란 사람들로 인해 부상자나 사망자가 나올 수도 있고. 그렇게 되지 않도록 집중해서 잘 들어라."

"…진심이세요?"

"당연히 진심이다. 어서 이쪽으로 오도록."

나기는 샹들리에를 쳐다봤다. 천장과 연결된 사슬 중간에 부자연스러운 검은색 상자가 있었다. 자세히 보니 상자 구석에 붉은색 타이머가 반짝였는데, 책상 위에 놓인 타이머와 정확하게 같은 시각을 표시하고 있었다.

테이블 앞으로 다가가자, 냄비에 담긴 내용물이 보였다. 냄비 안엔 녹은 납이 일렁거리고 있었다. 나기는 세상이 같이 일렁거리는 듯한 어지러움을 느꼈다.

---

* 금속과 같이 단단하고 투명하며, 산과 열에 잘 견디는 플라스틱.

마지막 미션

같은 시각, 무대 옆 대기 장소에선 미로가 미도를 기다리고 있었다.

"애는 화장실 간다더니, 왜 이렇게 안 와?"

미로는 바로 다음으로 다가온 입장 순서에 발을 동동 굴렀다.

'오랜만에 무대 선다고 긴장해서 배탈이라도 났나?'

기다리다 못한 미로는 화장실 쪽으로 발걸음을 옮겼다. 바로 그때, 복도로 통하는 문이 열리며 미도가 모습을 드러냈다.

"미안, 많이 기다렸지?"

"?!"

공위성 선생은 테이블에 놓인 소시지를 들어 나기에게 내밀었다.

"자, 여기 소시지가 있다. 온도를 확인해라."

나기는 공위성 선생이 내민 소시지를 멍하니 내려다봤다. 이 모든 상황이 너무나 현실감이 없고 당황스러웠다. 공위성 선생은 소시지를 내민 자세 그대로 나기의 표정을 뚫어지게 쳐다봤다. 타이머가 계속해서 내려갔다. 이제 남은 시간은 3분이 채 되지 않았다.

"와아아아아아아아아-!!"

강당에서 들려온 함성에 나기는 퍼뜩 정신을 차렸다. 방음 효과가 무색할 정도로 큰 소리였다. 무대 위에선 미도와 미로가 춤을 추고 있었다. 단발머리로 통일한 두 사람의 모습에 한 치의 어긋남 없는 퍼포먼스가 더해지자 관객들은 마술이라도 보는 기분에 사로잡혔다.

"…어?"

정신을 차린 나기는 눈앞의 소시지, 납 냄비, 타이머, 공위성 선생의 얼굴을 순서대로 쳐다봤다. 그러자 꿈을 꾸는 것 같은 감각이 사라지고 무서운 현실감이 나기의 목덜미를 차갑게 짓눌렀다.

"표면의 온도를 확인해라."

공위성 선생은 다시 한번 소시지를 나기 앞에 내밀었다. 나기는 두 손가락으로 소시지 끝을 가볍게 잡았다.

"미지근해요."

"이 소시지를, 물에 담갔다가, 녹은 납에 넣었다 뺀다. 납의 녹는점은 얼마지?"

"표준 대기압에서 섭씨 327.5℃요."

"…맞다. 참고로 이 냄비 안의 납은 450℃다."

공위성 선생은 냄비 가장자리에 꽂혀 있는 바이메탈 온도계를 가리켰다. 온도계 바늘은 500℃까지 있는 눈금의 거의 끝을 가리키고 있었다.

"여기에 영점 몇 초 동안 들어갔다 나온 소시지는 어떻게 될까?"

"표면이 익을 것 같아요."

"확인해 보자."

공위성 선생은 소시지를 물에 넣었다가 녹은 납에 0.3초 정도 담갔다 꺼냈다. 소시지 색깔은 별다른 변화가 없었다.

"다시 온도를 확인해 보도록."

"…미지근해요. 왜죠?"

"소시지가 뜨거워지지 않은 건 라이덴프로스트 현상 때문이다. 액체가 아주 높은 고온과 만나면 순간적으로 기화하며 단열층을 만드는 현상이지."

나기는 여전히 공위성 선생의 의도를 이해할 수 없었다. 지금 그는 왜 자신과 이런 과학 실험을 하고 있는 것일까? 하지만 의문은 곧 풀렸다.

"여기 텅스텐으로 만든 열쇠가 있다. 이 열쇠를 타이머 옆에 꽂고 돌리면 장치는 작동을 멈춘다."

말을 마치기 무섭게 공위성 선생은 열쇠를 물에 적신 뒤 납 냄비 안에 집어넣었다.

"?!"

나기는 재빨리 수조에 손을 담갔다가 녹은 납에 손을 넣었다. 시간이 흐를수록 열쇠가 뜨거워져 꺼내기 어려워질 거란 판단에서였다. 열쇠는 각진 손잡이 부분이 크고 무거운 덕분에 냄비 안에 서 있어서 바로 잡을 수 있었지만, 나기의 손가락은 세 번째 마디 중간까지 녹은 납에 들어갔다.

'깡- 깡깡!'

나기는 열쇠를 꺼내 바닥에 떨어트렸다. 비중 19.25로 납보다 무거운 텅스텐 열쇠는 바닥에 부딪혀 기묘한 금속음을 냈다. 화상을 입었을 거란 조건 반사 때문에 나기는 재빨리 손을 털었다. 하지만 손에는 약간 간질거리는 기묘한 감각만 있을 뿐, 뜨겁다는 느낌은 들지 않았다.

'라이덴프로스트 현상!'

하지만 길게 감탄할 여유는 없었다. 남은 시간은 19초뿐이었다. 나기는 황급히 열쇠를 집어 들고 타이머로 향했다. 열쇠를 열쇠 구멍에 꽂으려 했지만, 뒤늦게 찾아온 긴장 때문인지 손이 떨려 열쇠가 구멍에 들어가지 않았다. 설상가상으로 눈물이 앞을 가리기 시작했다. 뿌옇게 흐려진 시야에 타이머가 한 자리로 줄어드는 모습이 보였다. 1초가 평소보다 몇 배로 빠르게 줄어드는 것 같았다.

"여기다."

공위성 선생이 나기의 손을 이끌었다. 열쇠가 꽂히는 느낌이 들자, 나기는 손을 돌렸다. 그 즉시 타이머가 깜빡임을 멈췄다. 남은 시간은 2초였다.

"흑… 흑… 흑흑…."

긴장이 풀린 나기는 그대로 무너지듯 주저앉아 울음을 터트렸다.

후회

4년 전 겨울.

공위성 박사는 우주추진체연구소에서 일하고 있었다. 부품 가공 문제로 골치를 앓고 있는 그의 목에 갑자기 뜨거운 무언 가가 닿았다.

"앗 뜨거워!"

"이거 마시고 인상 좀 펴."

뜨거운 캔 커피를 건넨 사람은 이우주 박사였다. 뒤로 모아 질끈 묶은 머리는 꾸밈과는 거리가 멀었지만, 활기찬 그녀의 인 상과 무척이나 잘 어울렸다.

"또 그 브래킷 문제야?"

"응. 기존 방식으로는 용접 없이 가공할 수가 없다고 해서 DMP(금속적층가공) 업체와 조율하는 중이야."

"그럼 이번 주도 조립은 글렀네?"

"그렇지 뭐. 넌 어때?"

"난 오늘 점화 시험을 시작해."

"역시 일사천리네."

공위성은 이우주를 존경심이 담긴 눈빛으로 바라봤다. 이우주는 공위성이 생각하는 가장 총명하고 유능한 연구원이었다. 그녀의 연구실은 늘 착실하게 성과를 냈다. 고작 고정용 부품 하나 때문에 2주째 허송세월을 보내고 있는 자신과는 사뭇 다른 느낌이었다.

두 사람은 2년 전 연애를 시작했다. 먼저 고백한 사람은 이우주였다.

'있잖아, 우리 한번 만나 보는 거 어때?'

공위성은 당당하게 묻던 그녀의 표정을 지금도 선명하게 기억했다. 고백은 선수를 빼앗겼지만, 프러포즈는 꼭 자신이 하겠다고 생각했다.

'정지 궤도 위성 투입 로켓의 시험 비행이 성공하면, 그때 꼭 …!'

이우주가 실험실을 떠난 뒤 공위성은 다시 설계도 파일을 열었다. 머릿속에 떠오르는 이미지와 그걸 구현하는 기술 사이의 괴리는 그를 늘 힘들게 했다. 만약 모든 부품을 충분한 강도로

3D 프린팅할 수 있다면, 이런 발사체는 10개도 더 만들었겠다고 생각했다. 그는 꼬박 세 시간 가까이 설계도를 살펴봤지만, 효율적인 설계를 위해선 이 부품이 꼭 필요했다.

"하아…."

공위성이 답답한 마음에 책상을 내려치는 순간 '꿍-' 하는 진동이 건물 전체를 흔들며 지나갔다. 곧 화재경보기가 울렸고, 복도에 사람들이 뛰쳐나왔다. 그는 깜짝 놀라 자신의 주먹을 쳐다봤지만, 이내 그럴 리가 없다는 생각에 정신을 차리고 복도로 나갔다.

"무슨 일이야?!"

"엔진 실험실에서 폭발이 일어났습니다!"

공위성의 외침에 소화기를 들고 뛰어가던 연구원 중 1명이 다급한 목소리로 답했다. 눈앞이 캄캄해졌다. 엔진 실험실은 이우주가 일하는 장소였다.

추후 밝혀진 사고 원인은 로켓 연료인 액체 수소의 누설 사고였다. 반복된 점화 실험 과정에서 발생한 스트레스로 배관 연결 부위에 손상이 생겼고, 실험 결과를 정리하는 동안 수소 가스는 실험실을 가득 채웠다. 실험실엔 배터리로 작동하는 수소 감지 센서가 있었지만, 며칠 전 이우주가 새 배터리를 가지러

가는 길에 급히 호출을 받으면서 배터리 교체를 깜빡했다. 그 사소한 실수의 대가는 무척이나 참혹했다. 이우주가 배관 점검을 위해 공구 상자를 뒤적이는 순간 발생한 정전기가 큰 폭발로 이어진 것이다.

"…괜찮아?"

공위성이 물었다. 줄곧 고개를 숙이고 있던 이우주가 얼굴을 돌리자 한쪽 얼굴을 가득 덮은 붕대가 모습을 드러냈다. 그녀가 걸을 때마다 꼬리처럼 흔들리던 말총머리도 이젠 없었다.

"…."

공위성은 미안한 마음 반, 당황스러운 마음 반으로 고개를 피했다. 방금 자신의 말 한마디가 얼마나 경솔했는지 마음속으로 거듭 후회했다.

무거운 침묵이 두 사람 사이를 채웠다. 그녀와 둘이 있는 순간마다 두근거리던 가슴은 금방이라도 박동을 멈출 것처럼 힘겹게 뛰었다. 이우주는 깊은 한숨을 내쉬고 말했다.

"…이제 가 봐. 중요한 시기잖아."

공위성은 아무 말도 하지 못하고 자리에서 일어났다.

그날 이후, 공위성은 평소보다 더욱더 일에 몰두했다. 연구실에서 밤을 지새우는 것은 예사였고, 오히려 집에 돌아간 날이 더 적을 지경이었다. 그사이 이우주가 휴직을 마치고 복귀했다가 연구소를 그만뒀다는 소식을 들었다.

'한마디 정도는 상의했으면 좋았을 텐데….'

그녀의 결정이 이해되지 않는 것은 아니었다. 각종 폭발물과 추진제로 가득한 실험실은 누구에게나 긴장되는 공간이다. 사고로 한쪽 눈까지 잃은 후라면 더욱 그럴 것이다. 공위성은 이우주가 생각날 때마다 핸드폰을 꺼냈다가 넣기를 반복했다.

'이번 비행 시험이 성공하면, 그때…!'

공위성은 이우주가 해 온 모든 일이 헛되지 않았음을 증명하고 싶었다.

1년 6개월 뒤, 마침내 정지 궤도 위성 투입을 위한 시험 발사체가 완성되었다. 6년의 개발 기간과 수조 원의 예산이 들어간 초대형 프로젝트였다. 저궤도 위성은 약 700km 고도를 돌지만, 정지 궤도 위성은 무려 3만 6000km 상공까지 도달해야 했다.

추진제 주입부터 지상 이륙을 위한 엔진 점화까지, 초기 발사 과정은 순조로웠다. 발사체는 4분만에 대기권을 벗어났고, 2단 로켓 분리와 점화도 모두 계획대로 진행되고 있었다.

"2단 엔진이 무사히 정상 점화 종료되었습니다. 세컨드 스테이지 엔진 컷 오프(Second stage engine cut off)."

전체 방송으로 흘러나온 목소리에 연구원들은 일제히 안도의 한숨을 내쉬었다. 연구원들은 총책임자인 우주인 연구소장의 요청에 따라 상태를 보고했다. 공위성은 시험 비행체 2단의 가속도 및 고도 계측을 담당하고 있었다.

"상황 보고하십시오."

"엔진 명령 정상입니다."

"속도 및 고도, 예정대로 이동 중입니다."

"페이로드(Payload) 상태 정상으로 판단됩니다."

"압력 정상입니다."

상황실 전광판엔 정상을 뜻하는 초록 불빛이 켜져 있었다.

"좋습니다. 재점화까지 상황 지켜봅니다."

"확인."

공위성은 긴장감에 다리를 떨었다. 지금 로켓은 관성만으로 목표 궤도를 향해 이동 중이었다.

'이 상태로 20분이라니, 고문이 따로 없네.'

이제 남아 있는 과정은 2단 엔진을 재점화해서 위성 모형을 목표 궤도에 안착시키는 일이었다. 상황실에 있는 사람들은 한마디 말도 없이 모니터 화면을 응시했다. 우주인 연구소장이 홀로 헤드셋을 낀 채 자리에서 일어나 모니터 앞을 서성거렸다. 상황실에 울리는 구둣발 소리마저 땀에 젖은 듯했다.

숨 막히는 20분이 지나고, 다시 실내에 전체 방송이 흘러나왔다.

"엔진 점화 1분 전."

우주인 연구소장이 서둘러 자리에 앉았다. 모니터에 표시된 카운트다운을 보며 공위성의 심장이 점점 더 빠르게 뛰기 시작했다. 우주인 연구소장이 헤드셋 마이크를 가까이하며 말했다.

"재점화 시점 5, 4, 3, 2, 1, 0. 상황 보고."

"엔진 재점화 신호 확인."

"페이로드 상태 정상."

"압력 변화 정상."

"가속도… 확인 중."

또 한고비를 넘겼다는 생각에 모두가 안도의 한숨을 내쉬고 있을 때, 공위성은 불안한 표정으로 모니터를 주시하고 있었다. 분명 로켓은 가속하고 있었지만, 결과가 예상치를 밑돌았기 때문이다. 우주인 연구소장이 다시 그의 대답을 재촉했다.

"가속도 상황 다시 보고 바랍니다."

"가속도 예상보다 낮습니다. 속도도 목표치에 미달합니다."

상황실에 무거운 적막이 드리웠다. 우주인 연구소장이 헤드셋을 벗어 던지고 공위성 옆으로 다가와 모니터를 확인했다. 목표치에서 점점 멀어지는 속도 그래프를 보며 그의 얼굴은 납빛으로 변했다.

"다시 상황… 상황 보고 부탁합니다."

차분한 말투였지만, 우주인 연구소장은 턱 밑에 흐르는 식은 땀을 손바닥으로 훔치고 있었다. 다리가 떨리며 구두와 바닥이 부딪히는 소리가 작게 울렸다.

"엔진 상태 정상."

"페이로드 정상."

"압력 변화 예상 범위 안쪽입니다."

모든 계기는 정상값을 가리키고 있었다. 하지만 분명한 건, 이대로는 궤도에 도달할 수 없다는 사실이었다. 공위성의 어깨를 붙잡고 있는 우주인 연구소장의 손이 떨리기 시작했다.

"왜?!"

"…지금 당장은 파악하기 힘듭니다."

"궤도 도달 가능성은?"

"현재… 로선… 없습니다. 목표 궤도에 약 600km 미달합니다."

한 글자 한 글자를 뱉을 때마다 공위성은 바늘이라도 삼킨 듯한 통증을 느꼈다. 목표 고도 3만 6000km에 고작 2% 못 미쳤을 뿐이지만, 그 차이는 정지 궤도 위성과 우주 쓰레기를 구분 짓기엔 충분했다. 곧 상황실 전광판이 적색으로 변했다.

대한민국의 첫 정지 궤도 위성 투입을 위한 로켓 시험 비행은 그렇게 끝났다.

 불과 몇 분 뒤, 모든 언론은 발사 실패 소식으로 도배되었다. 결과는 어디까지나 시험 비행체가 궤도 도달에 실패한 '비정상 비행'이었지만, 언론은 위성 발사가 실패했고 수조 원이 증발했다는 자극적인 기사를 쏟아 냈다. 불과 6년 만에 정지 궤도에 근접한 발사체를 만들었다는 성과에 주목해 주는 사람들은 아무도 없었다. 사람들에게 '완벽한 성공'이 아닌 모든 도전은 '실패'였다.

 이후 몇 달 동안 공위성은 인생에서 가장 힘든 시기를 보냈다. 끝없이 이어지는 결과 토의, 모사 시험, 보고서 작성, 언론사의 집요한 취재까지. 계속되는 조사에도 이렇다 싶은 원인은 밝혀지지 않았다. 로켓은 경량화를 위해 최소한의 센서와 블랙박스만 장착한다. 하지만 부품의 미세한 결함, 조립상의 실수, 연료 누설 등등 실패를 일으키는 경우의 수는 끝도 없이 많다. 10만 개가 넘는 부속을 조립하는 발사체에서 오링(Oring) 방향을 혼동하거나, 토크 렌치의 눈금을 잘못 맞춘 것만으로도 결함은 발생한다. 우주 공간을 떠돌고 있는 발사체를 회수해서 확인하지 않는 한 지금 같은 상황에서 정확한 원인을 규명하는 건 불가능에 가까웠다.

그렇게 1년에 걸친 조사 끝에 비정상 비행은 '원인 미상'으로 결론 났다. 그날 공위성은 우주추진체연구소를 그만뒀다. 자신이 설계한 부품 중에서 무언가가 잘못되었을지 모른다는 불안감과 자신이 일을 완벽하게 해도 다른 누군가가 실수할지도 모른다는 불신이 그를 번번이 공황 상태에 빠트렸기 때문이다.

시리도록 푸르른 하늘에는 비행기구름 한 줄이 길게 남아 있었다. 공위성은 1년 전 하늘 끝까지 이어졌던 시험 비행체의 아름다운 궤적을 떠올렸다. 그의 얼굴에 긴 눈물 자국이 남았다. 오랜 꿈이 무너진 것도, 이우주를 당당하게 찾아갈 기회를 잃어버린 것도 견딜 수 없이 괴로웠다.

결심

"여기까지가 내가 과특중에 오기 전 이야기다."

공위성 선생은 주저앉아 있는 나기의 옆에서 무대를 내려다보며 말했다. 무대에선 mRNA가 최신 앨범의 타이틀곡인 〈메신저〉를 부르고 있었다.

"네가 과학의 길을 계속 걷는다면, 아마 비슷한 상황에 놓일 가능성이 크다. 엄청난 돈과, 많은 사람의 운명이 네 손에 달릴 거야. 하지만 언제나 예산은 부족하고, 시간에 쫓기고, 네가 아닌 누군가의 실수에 좌절하거나 어쩌면 큰 사고를 당할 수도 있다. 오늘 느낀 부담감 따윈 지극히 사소한 일이 되겠지."

나기는 묵묵히 그의 말을 듣고 있었다. 공위성 선생의 얼굴은 무척이나 지쳐 보였고, 한편으론 나른해 보이기도 했다.

"그래도 너는… 이 길을 걸을 건가?"

공위성 선생은 나기를 돌아봤다. 나기도 공위성 선생을 올려다봤다. 나기의 입술은 떨리듯 달싹거리며 쉽게 떨어질 줄을 몰랐다.

그때, 모든 축하 공연이 끝나고 천상천 교장이 무대 위에 올라섰다. 차분해진 분위기 속에 천상천 교장의 목소리는 공위성 선생과 나기가 있는 기계실까지 선명하게 전해졌다.

"여러분, 모두 즐거운 저녁을 보냈나요? 여러분이 축제를 즐기고 있는 동안 프로젝트 가디언즈를 클리어한 학생이 나왔습니다. 프로젝트 가디언즈는 몇 명의 힘만으로 깰 수 있는 과제가 아니었습니다. 여러분 모두의 힘으로 유성우를 막아 내고 축제의 날을 지켜 낸 것입니다. 최후의 도전자 권지오 학생은 무대 위로 올라오세요."

이름이 불려 깜짝 놀란 지오는 무대 위로 향했다.

"권지오 학생은 과학에 대한 굳은 신념으로 마지막 난관을 뚫고 소망의 나무를 지켜 냈습니다. 보답으로 소망의 나무에 적힌 지오 학생의 소원을 저 천상천이 있는 힘껏 돕겠습니다."

"교장 선생님 잠깐만요!"

지오가 소원을 확인하려는 천상천 교장의 손을 멈췄다. 백화란 선생이 지오에게 다가가 마이크를 건네줬다.

"저는, 마지막 미션을 푼 주인공이 아닙니다. 저는 나기를 믿고 제 도전권을 양보했어요. 그러니까 이 보상은 나기가 받는 게 옳다고 생각해요."

지오의 용기 있는 발언에 학생들 사이에서 박수갈채가 쏟아졌다. 천상천 교장은 백화란 선생과 잠시 눈빛을 교환한 뒤 곧 마이크에 대고 말했다.

"그럼 지오 학생의 의견을 존중해, 나기 학생의 소망을 확인해 보겠습니다."

곧 강당 뒤쪽 스크린에 '리나가 앞으로 발레를 계속할 수 있게 해 주세요'라는 글씨가 나타났다. 스마트 펜으로 전용 메모지에 쓴 글씨가 데이터베이스에 바로 전송된 것이었다.

"음… 알겠습니다. 어디까지나 본인이 원한다면, 방리나 학생이 대학을 졸업할 때까지 제가 그 과정을 지원하겠습니다."

천상천 교장의 파격적인 선언에 아이들은 감탄 섞인 환호성을 냈고, 리나는 그 자리에 주저앉아 기쁨의 울음을 터트렸다. 리나는 이 순간이 꿈이 아니라는 걸 믿을 수가 없는 기분이었다.

"그리고 이번 프로젝트에 함께해 준 여러분의 노력에 보답하기 위해, 소망의 나무에 가장 많이 적힌 소원 또한 힘닿는 데까지 이루어 주겠습니다. 자, 확인해 주세요!"

스크린에 여러 메모지 내용이 실시간으로 업로드되며 AI 분석을 통해 텍스트로 추출되는 모습이 송출되었다. 메모 각각의 내용을 확인하기엔 너무 빠른 화면이었지만, 분명 과학특성화 중학교의 모두가 적은 메모들이었다.

"집계가 끝났습니다. 총 276명이 적은 소원 중 가장 많이 나온 소원은…!"

곧 화면에 비슷한 내용의 메모들이 빼곡이 나열되었다. 약 30장의 메모엔 '놀고 싶어요' '놀러 가고 싶다' '하루 종일 놀기' '놀러 가즈아~' 같은 내용이 적혀 있었다. 천상천 교장은 그야말로 중학생다운 소원이라고 생각하며 너털웃음을 지었다.

"하하, 이 소원은 어떻게 이루어 줘야 하죠?"

상황을 지켜보던 아이들은 저마다 '수학여행'이나 '천하태평파크' 같은 단어를 크게 외쳤다.

"여러분에게 천하태평파크 자유이용권을 드리면 될까요?"

천상천 교장의 물음에 아이들은 환호성으로 답했다.

"아니면 연간이용권?"

아이들의 함성이 한층 더 커졌다.

"음… 나쁘진 않지만 뭔가 좀 부족하군요. 좋습니다. 2학기에 예정된 수학여행은 5박 6일 동안 하와이로 떠나겠습니다. 물론 모든 비용은 무료입니다."

아이들의 함성이 체육관 전체를 울렸다. 발을 구르는 소리와 환호성이 어찌나 크던지, 4층 기계실의 유리 벽이 들썩일 정도였다. 리나가 학비 지원을 약속받았을 때부터 감격의 눈물을 흘리고 있던 나기는 아이들의 반응에 활짝 웃으면서도 계속해서 눈물을 흘렸다. 이토록 가슴이 벅차오르는 경험은 태어나서 처음이었다. 아이들의 함성이 어떤 전자 신호로 변해 온몸의 세포를 짜릿하게 자극하는 것만 같은 기분이었다.

한참 후, 모두의 함성이 잦아들자 나기는 공위성 선생을 돌아보며 말했다.

"저는… 과학자가 될 거예요. 그리고 힘든 순간이 올 때면, 오늘을 기억하겠습니다."

공위성 선생은 고개를 끄덕였다. 나기도 고개를 끄덕였다. 나기가 밖으로 달려나간 뒤, 공위성 선생은 그가 있던 자리에서 1층을 내려다봤다. 나기가 나타나자, 리나는 주변의 눈을 신경 쓰지 않고 그를 와락 끌어안았다. 친구들은 휘파람을 불거나 손뼉을 쳤다. 두 사람을 둘러싼 인파 중엔 무대에서 내려온 지오도 있었다. 나기가 지오에게 물었다.

"고마워, 지오야. 네 소원은 뭐였어? 내가 도울 수 있는 일이라면…."

"아냐, 내 소원도 이루어졌어. 난 해외여행이라고 적었거든."

사실 지오는 '미도와 사귀게 해 주세요'라고 적었지만, 그 일은 평생 비밀로 삼기로 했다.

가능성

　모든 행사가 끝난 텅 빈 체육관. 공위성 선생은 전동 사다리를 타고 올라가 샹들리에 사슬에 설치된 박스를 떼어 냈다. 박스 안엔 타이머와 무선 송신기가 들어 있을 뿐, 사슬을 끊을만한 장치는 아무것도 없었다. 공위성 선생이 전동 사다리에서 내려오자 천상천 교장이 그에게 다가서며 말했다.

　"악취미로군요."

　"교장 선생님께 그런 말을 들을 줄은 몰랐는데요."

　"원하던 결과는 얻었습니까?"

　천상천 교장의 질문에 공위성 선생은 난간을 짚은 손을 내려다보며 생각에 잠겼다. 그는 이번 시험을 통해 많은 이야기를 하고 싶었다. 과학의 위험성, 부담감, 책임감 그리고 그 과정에서 겪을 수 있는 절망감까지. 만약 자신이 과학의 아름다움

뿐만 아니라 절망감도 함께 알았다면 과학에 인생을 바치는 일 따윈 없었을 거라고 계속 생각했기 때문이다.

하지만 이 모든 난관에도 포기하지 않고 도전하는 나기의 모습을 보면서, 공위성 선생은 자신이 진심으로 보고 싶었던 모습을 깨달았다. 커다란 벽을 넘었을 때 찾아오는 더 커다란 희열의 순간. 그 짜릿함을 위해 인류는 달에 사람을 보내고, 화성에 로봇을 보내는 무모한 도전을 반복해 왔다. 만약 자신이 나기에게 정말 과학의 절망감을 알려 주고 싶었다면, 마지막에 열쇠를 꽂도록 손을 잡아 주는 일 따위는 하지 않았을 것이다.

공위성 선생은 잠시 다른 생각을 해서 감정을 추스른 뒤 평소와 다름없는 무미건조한 말투로 답했다.

"그럭저럭 나쁘지 않았습니다. 교장 선생님은 어떠신가요?"

"하하하, 그건 앞으로 10년은 더 두고 봐야 알지 않겠습니까?"

천상천 교장의 웃음소리가 텅 빈 체육관 안에 울렸다. 공위성 선생은 천상천 교장을 처음 만난 날을 떠올렸다.

2년 전, 우주추진체연구소를 그만둔 공위성은 몇 달을 술에 취해 폐인처럼 보냈다. 각종 기밀 정보에 깊이 관여되어 있던 만큼 취업에 제한도 많았지만, 그보다 더 큰 문제는 무언가를 할 의욕이 전혀 생기지 않는 것이었다. 혹시나 하는 마음에 그를 찾아왔던 기업들도 엉망이 된 모습을 보고 포기하고 돌아갔다. 하지만 천상천 회장은 예외였다.

"새롭게 문을 열 과학특성화중학교에서 과학 선생님을 찾고 있습니다."

그의 제안에 공위성은 거의 1년 만에 처음으로 웃었다. 대기업의 회장이 직접 찾아와 제안한 자리가 중학교 선생님일 거라고는 차마 예상하지 못했기 때문이다.

"푸핫, 크크크크···. 번지수를 잘못 찾아도 한참 잘못 찾으셨네요. 중학교 선생님이라니···."

"아니요, 과학특성화중학교엔 박사님 같은 분이 필요합니다."

"왜죠?"

"천하전자는 15년 안에 우주 산업에 진출합니다. 과학특성화중학교는 그 첫 번째 교두보가 될 겁니다."

공위성은 천상천 회장의 눈을 바라봤다. 그의 눈빛엔 일말의 흔들림도 없었다.

"돈, 장소, 설비, 모든 게 준비되어 있습니다. 사람만 있으면 됩니다. 그 사람, 우리가 키웁시다."

천상천 회장은 공위성에게 손을 내밀었다. 공위성은 천상천 회장의 얼굴을 빤히 바라보다가, 무언가에 홀린 듯 그가 내민 손을 맞잡았다.

"10년 동안 지금처럼 돈을 뿌릴 생각이십니까?"

"앞으로의 일을 생각하면 이 정도야 푼돈이지요."

"천하의 천하전자답군요."

"1명입니다."

"무슨 소립니까."

"1명의 인재가 이 모든 비용을 회수하고 남을 아이디어를 천하전자에게 안겨 줄 겁니다."

천상천 교장의 말은 마냥 근거 없는 소리가 아니었다. 천하전자가 매년 수천억 원의 수입을 거두는 특허 중엔 불과 1~2명의 연구원들이 만들어 낸 결과물도 많았기 때문이다.

"그럼 학교를 세우기보다 그 1명을 찾는 게 빠르지 않겠습니까? 비용도 훨씬 저렴하고요."

"선생님은 혹시 식물을 키우시나요?"

"아니요. 그런 일엔 딱히 흥미가 없습니다."

"저 또한 그런 쪽엔 취미가 없었는데, 나이가 드니 사람이 달라지더군요. 내가 매일 물을 주는 화분에서 꽃이 피고 열매가 맺히면 그게 얼마나 신비롭고 예뻐 보이는지 모릅니다."

공위성 선생은 천상천 교장의 마음을 어렴풋이 이해할 수 있었다. 하지만 그가 알기로 아이들이 과학특성화중학교를 졸업한다고 해서 천하전자에 입사해야 한다거나 하는 조항 같은 건 아무것도 없었다.

"그 열매를 다른 사람이 가져가면 무척 화가 나지 않을까요?"

"하하, 괜찮습니다. 과학특성화중학교는 끊임없이 열매를 맺을 것이고, 사회 곳곳으로 퍼져나가 지금처럼 서로 돕고 경쟁하며 성장해 갈 테니까요."

천상천 교장의 확신에 찬 눈빛에 공위성 선생은 가슴이 뜨거워졌다. 자신이 무엇을 꿈꾸며 무엇을 하고 있는지, 지금은 분명하게 말할 수 있었다.

천상천 교장이 자리를 떠난 뒤, 공위성 선생은 핸드폰을 꺼내들고 이우주에게 전화를 걸었다.
"나야."

계속

3개월이 지났다. 대망의 수학여행 날이 찾아왔다. 아이들은 다함께 공항에 모여 탑승 수속을 기다렸다. 지수가 금슬에게 말했다.

"비행기 탈 때 신발 벗는 거 잊지 마라."

"야, 요즘 누가 그런 말에 속냐?!"

금슬은 지수의 어깨에 펀치를 날렸지만 어쩐지 주먹이 더 아픈 기분이었다. 지수의 말을 듣고 운동화 뒤축을 접어 신었던 지오는 슬그머니 운동화를 바로 신었다.

잠시 후 탑승이 시작되었다. 줄의 제일 앞쪽엔 천상천 교장과 공위성 선생이 있었다. 비행기에 오르기 전, 천상천 교장은 구두를 벗어 손에 들고 공위성 선생에게 한쪽 눈을 찡긋하며 말했다.

"항공 규정은 갈수록 까다로워지는군요. 안 그렇습니까?"

'누구더러 악취미라고?'

공위성 선생은 코웃음을 치며 신발을 벗어 들었다. 그러자 뒤에서 줄을 기다리던 아이들이 웅성거리기 시작했다. 첫 번째 아이가 운동화를 벗자 그 뒤부터는 누구랄 것 없이 신발을 벗어 들었다. 영문을 몰라 하던 아이들도 천상천 교장과 공위성 선생의 이야기를 듣고 양말 행진에 합류했다.

한참 입장이 이어지던 중 나기의 순서가 되었다. 나기는 신발을 벗기 전에 입구에 서 있는 승무원에게 물었다.

"정말 신발을 벗고 타는 규정이 생긴 건가요?"

"현재 그런 규정은 없습니다, 손님."

베테랑 승무원은 능숙한 미소가 담긴 표정으로 답했지만, 속으로는 처음 보는 진풍경에 허벅지를 꼬집어 가며 간신히 웃음을 참는 중이었다. 바로 그때 비행기 안에서 기다리고 있던 천상천 교장이 튀어나와 외쳤다.

"역시 기대를 저버리지 않는군요! 과학엔 언제나 그런 합리적 의심과 권위에 도전하는 마음이 필요하지요. 나기 학생의 자리를 제 옆자리 비즈니스석으로 바꿔 주겠습니다."

"…잠깐, 거긴 제 자리잖아요?"

뒤따라 나온 공위성 선생이 어이가 없다는 표정으로 그를 쳐다봤지만, 천상천 교장의 표정은 확고했다. 공위성 선생이 마지못해 티켓을 꺼내 들자 나기가 두 손을 들어 만류했다.

"괜찮아요. 저는 리나와 함께 앉는 게 더 좋아요."

"아, 그럼 교장 선생님 자리도 내어 주시면 되겠네요."

공위성 선생이 씨익 웃으며 재빠른 손길로 자신의 티켓과 나기의 티켓을 바꿨다. 천상천 교장이 한쪽 입꼬리만 올린 채 씩 웃으며 말했다.

"악취미군요."

"누구만 하겠습니까?"

나기와 리나는 마지막까지 좌석 교체를 사양했지만 공위성 선생은 어릴 때일수록 다양한 경험이 필요하다는 정론으로 두 사람을 비즈니스석에 태웠다.

한바탕 왁자지껄한 소동이 끝나고, 탑승 절차가 모두 마무리되었다.

"손님 여러분, 우리 비행기는 잠시 후 목적지인 하와이 호놀룰루 국제 공항을 향해 이륙하겠습니다. 여러분의 안전을 위해 좌석 벨트를 매셨는지 다시 한번 확인해 주시기 바랍니다."

천상천 교장은 난생처음 이코노미석에 앉아 벨트를 채웠다.

"훗, 그래도 제가 창가 쪽입니다."

"예- 좋으시겠네요."

　　공위성 선생은 주머니에서 안대를 꺼내 이마에 걸치며 말했
다. 비행기는 푸른 하늘을 향해 단숨에 날아올랐다. 눈을 감고
아이들의 기대에 찬 재잘거림을 음미하던 천상천 교장은 혼잣
말로 중얼거렸다.

　　"자, 그럼 또 어떤 일을 준비해 볼까."

-끝

에필로그

"과학자가 자연을 연구하는 건 그것이 쓸모 있어서가 아니라 아름답기 때문이다."

프랑스의 수학자이자 물리학자였던 앙리 푸앵카레의 말이다. 내가 공학 박사가 되는 데 가장 많은 영향을 준 건 '취직이 잘 된다'거나 '돈을 많이 번다'는 말이 아닌 이 한마디였다.

과학은 아름답다. 행성이 타원 방정식을 따라 돌고, 그 공전 주기 제곱이 긴반지름의 세제곱에 비례하는 것만 봐도 아름답다. 아니, 사실 우주까지 갈 필요도 없다. 나는 지금 내가 숨을 쉬고 심장이 뛰는 것조차 아름답다고 느낀다. 이산화탄소와 산소가 교환되고, 동맥에서 모세혈관으로, 모세혈관에서 다시 정맥으로 혈액이 모여드는 상상을 하는 것만으로 경외감을 느낀다.

과학을 연구한다는 건, 이 아름다움 바깥에 있는 어둠을 마주하는 것이다. 캄캄한 어둠 속에서, 과학자들은 손으로 더듬고 부딪혀 가며 새로운 지식을 쌓아 간다. 그것은 결코 잘 증명된 공식처럼 아름답지 않다. 대부분은 주먹구구식 경험의 집합이고, 심지어 결과를 그날의 운에 맡겨야 하는 미신 같은 것들도 있다. 이 짝이 맞지 않는 퍼즐 조각들을 다듬는 데 대부분의 과학자는 일생을 바친다.

그리고 어느 날, 그 퍼즐 조각들이 거짓말처럼 연결되는 순간이 온다. 사람들은 그동안 깎고 다듬던 것이 어떤 그림의 어느 부분인지 비로소 알게 된다. 공식에 붙어 있던 지저분한 각주들이 모두 지워지고, 우리가 그동안 쌓아 올린 지식으로 모든 인과를 설명할 수 있는 명쾌한 공식이 도출된다. 그렇게 인류가 알고 있는 아름다운 세상의 경계가 확장된다. 과학자들이 어둠 속을 헤매는 건, 이 순간을 마주하는 감동을 누구보다 잘 알기 때문이다.

〈과학특성화중학교〉 시리즈를 통해 전하고 싶던 이야기가 바로 이런 내용이다. 호기심과 재미로 시작해서, 부딪히고 경쟁하고 아픔을 겪다 마침내 가슴 벅찬 감동을 마주하는 이야기. 정답을 맞히는 공부를 넘어, 상상력을 활용해 의미를 고민하고 마음이 성장하는 공부를 하는 아이들의 모습을 그리고 싶었다.

바야흐로 4차 산업 혁명의 시대다. 명확한 논리를 따라 정답을 찾는 일들은 이제 인공 지능의 역할이 되었다. 이제 청소년들은 새로운 지식과 지식을 연결하고 활용하는 지혜를 배워야 한다. 이런 지혜는 어느 한순간에 생겨나거나 누군가가 주입하듯 가르칠 수 없다. 자연의 아름다움에 반한 과학자처럼, 호기심 끝에 있는 깨달음을 사랑할 때 조금씩 쌓이는 것이다. 배움이 있는 실패는 실패가 아니라 경험이다. 이 책을 읽는 여러분이 그 사실을 꼭 기억해 줬으면 좋겠다.

2023년 1월
닥터베르